鸚鵡螺
數學叢書

# 樂 樂 遇 數

## —— 音樂中的數學奧祕

廖培凱／著

蔡聰明／審訂

*When Music*
*Meets Math*

三民書局

# 鸚鵡螺數學叢書
## 總 序

本叢書是在三民書局董事長劉振強先生的授意下,由我主編,負責策劃、邀稿與審訂。誠摯邀請關心臺灣數學教育的寫作高手,加入行列,共襄盛舉。希望把它發展成為具有公信力、有魅力並且有口碑的數學叢書,叫做「鸚鵡螺數學叢書」。願為臺灣的數學教育略盡棉薄之力。

## I 論題與題材

舉凡中小學的數學專題論述、教材與教法、數學科普、數學史、漢譯國外暢銷的數學普及書、數學小說,還有大學的數學論題:數學通識課的教材、微積分、線性代數、初等機率論、初等統計學、數學在物理學與生物學上的應用等等,皆在歡迎之列。在劉先生全力支持下,相信工作必然愉快並且富有意義。

我們深切體認到,數學知識累積了數千年,內容多樣且豐富,浩瀚如汪洋大海,數學通人已難尋覓,一般人更難以親近數學。因此每一代的人都必須從中選擇優秀的題材,重新書寫:注入新觀點、新意義、新連結。從舊典籍中發現新思潮,讓知識和智慧與時俱進,給數學賦予新生命。本叢書希望聚焦於當今臺灣的數學教育所產生的問題與困局,以幫助年輕學子的學習與教師的教學。

從中小學到大學的數學課程,被選擇來當教育的題材,幾乎都是很古老的數學。但是數學萬古常新,沒有新或舊的問題,只有寫得好或壞的問題。兩千多年前,古希臘所證得的畢氏定理,在今日多元的光照下只會更加輝煌、更寬廣與精深。自從古希臘的成功商人、第一位哲學家兼數學家泰利斯 (Thales) 首度提出兩個石破天驚的宣言:數

學要有證明，以及要用自然的原因來解釋自然現象（拋棄神話觀與超自然的原因）。從此，開啟了西方理性文明的發展，因而產生數學、科學、哲學與民主，幫忙人類從農業時代走到工業時代，以至今日的電腦資訊文明。這是人類從野蠻蒙昧走向文明開化的歷史。

　　古希臘的數學結晶於歐幾里德 13 冊的《原本》(*The Elements*)，包括平面幾何、數論與立體幾何，加上阿波羅紐斯 (Apollonius) 8 冊的《圓錐曲線論》，再加上阿基米德求面積、體積的偉大想法與巧妙計算，使得它幾乎悄悄地來到微積分的大門口。這些內容仍然是今日中學的數學題材。我們希望能夠學到大師的數學，也學到他們的高明觀點與思考方法。

　　目前中學的數學內容，除了上述題材之外，還有代數、解析幾何、向量幾何、排列與組合、最初步的機率與統計。對於這些題材，我們希望在本叢書都會有人寫專書來論述。

## ▌讀者對象

本叢書要提供豐富的、有趣的且有見解的數學好書，給小學生、中學生到大學生以及中學數學教師研讀。我們會把每一本書適用的讀者群，定位清楚。一般社會大眾也可以衡量自己的程度，選擇合適的書來閱讀。我們深信，閱讀好書是提升與改變自己的絕佳方法。

　　教科書有其客觀條件的侷限，不易寫得好，所以要有其它的數學讀物來補足。本叢書希望在寫作的自由度幾乎沒有限制之下，寫出各種層次的好書，讓想要進入數學的學子有好的道路可走。看看歐美日各國，無不有豐富的普通數學讀物可供選擇。這也是本叢書構想的發端之一。

　　學習的精華要義就是，儘早學會自己獨立學習與思考的能力。當這個能力建立後，學習才算是上軌道，步入坦途。可以隨時學習、終身學習，達到「真積力久則入」的境界。

　　我們要指出：學習數學沒有捷徑，必須要花時間與精力，用大腦思考才會有所斬獲。不勞而獲的事情，在數學中不曾發生。找一本好書，靜下心來研讀與思考，才是學習數學最平實的方法。

## III 鸚鵡螺的意象

本叢書採用鸚鵡螺 (Nautilus) 貝殼的剖面所呈現出來的奇妙螺線 (spiral) 為標誌 (logo)，這是基於數學史上我喜愛的一個數學典故，也是我對本叢書的期許。

 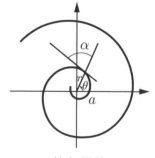

鸚鵡螺貝殼的剖面　　　　　　　　等角螺線

　　鸚鵡螺貝殼的螺線相當迷人，它是等角的，即向徑與螺線的交角 $\alpha$ 恆為不變的常數 ($a \neq 0°,\ 90°$)，從而可以求出它的極坐標方程式為 $r = ae^{\theta \cot \alpha}$，所以它叫做指數螺線或等角螺線，也叫做對數螺線，因為取對數之後就變成阿基米德螺線。這條曲線具有許多美妙的數學性質，例如自我形似 (self-similar)、生物成長的模式、飛蛾撲火的路徑、黃

金分割以及費氏數列 (Fibonacci sequence) 等等都具有密切的關係，結合著數與形、代數與幾何、藝術與美學、建築與音樂，讓瑞士數學家柏努利 (Bernoulli) 著迷，要求把它刻在他的墓碑上，並且刻上一句拉丁文：

Eadem Mutata Resurgo

此句的英譯為：

Though changed, I arise again the same.

意指「雖然變化多端，但是我仍舊照樣升起」。這蘊含有「變化中的不變」之意，象徵規律、真與美。

　　鸚鵡螺來自海洋，海浪永不止息地拍打著海岸，啟示著恆心與毅力之重要。最後，期盼本叢書如鸚鵡螺之「歷劫不變」，在變化中照樣升起，帶給你啟發的時光。

蔡聰明

2012 歲末

# 序 文

　　一般來說，要把音樂和數學做連結，似乎不太容易，然而數學家能夠欣賞到數學之美，認為數學也是藝術的表現，音樂家不只能透過音樂抒發情感，還能聽到音樂表達的規律與理性。音樂和數學兩者，實際上也沒有那麼的格格不入。古時候對於學科的分野沒有那麼分明，士紳修習的禮樂射御書數，同時包含了音樂與數學，且萬籟有聲，造物主也非隨意捏揉出大地宇宙，一切還是有個準則，因此樂理之中的規則，必然有個道理。

　　約略十幾二十年前，我偶然間拜讀到蔡聰明教授的文章〈音樂與數學：從弦內之音到弦外之音〉，如獲至寶，確信音樂不可能僅僅是感性的學門，一定有「理」之所在。學習科學的人都知道，聲音是波動，而通常描述波動的工作，是數學或是物理學家來處理。而即使音樂家不用在意波動方程對於樂曲優美流暢的影響，但絕對有本事用音樂打動科學家的心靈。

　　本書的內容並非我所獨創，只有幸讀了一些與音樂和數學相關的文章與書籍，稍加整理後在任教的學校開了課程，也指導學生作了些簡單的研究，更加覺得其中有趣之處，蒙蔡聰明教授賞識，便將授課及我自修的內容粗淺彙整成書。本書以數學的觀點淺談音階，再引到基本的和弦結構，有許多的內容都參考 Easley Blackwood 的 《The Structure of Recognizable Diatonic Tunings》，尤其是第四章以「大」、「小」、「增」、「減」和「完全」冠在「度」上面的定義方式，和第六章用各種音差去修正純律音階的部份。而第五章的內容則是根據游森

棚教授〈從鋼琴調音談數學與音樂〉所做的變化,將之放在高中數學裡,是極有趣的素養題材。雖然我著迷於和弦的結構,然而和弦的結構之複雜,各家學者也紛紛以拓樸、代數等不同的觀點加以詮釋,筆者駑鈍尚未參透,僅在第七章簡單篇幅稍作介紹。

　　筆者任教數學,無論開發課程與寫稿,都無法獨立將數學與音樂兩大學科串連,而過程接受內子與同科老師的指教與修飾,方能順利完成,亦借此文表達致謝之意。

廖培凱

# 樂樂遇數
## —— 音樂中的數學奧祕

# CONTENTS

第一章
樂譜裡的數學

　　小寶寶在媽媽的肚子裡，大約 25 週左右就聽得到聲音，即使身體大部分的器官尚未發育完全，但透過羊水的震動，他已經可以感受到媽媽的心跳、呼吸，甚至血液的流動聲。寶寶出生之後，鼻子呼吸到空氣，皮膚感受到外在的冷熱溫度，耳朵聽到的聲音不再隔著羊水和媽媽的肚皮，聲音是他誕生之後，認識這個世界最直接的工具之一。

　　聲音需要透過介質來傳遞，例如空氣分子的振動，使我們的耳朵聽得到四面八方的聲響，又如電影裡荒野的劍客，當他伏在軌道上，是要透過鐵軌聽聞遠方的火車是否即將到來。介質振動方式以及共鳴腔室的不同，我們聽得到不同種類的聲音，這是音色，各種不同的音色豐富我們的想像，也引起我們不一樣的情緒。

　　每個單位時間裡振動的次數稱為頻率，例如在撥動特定長度的琴弦時，造成弦周圍的空氣每秒振動 300 次，就能產生頻率為 300 赫茲 (300 Hz) 的聲音。赫茲是頻率的單位，即每秒振動的次數，是以德國物理學家海因里希・赫茲 (Heinrich Hertz, 1857–1894) 的名字命名。頻率的值愈大，聲音聽起來覺得愈高，「高」 的意思是指尖銳的聲音方向，反之，愈低沉則頻率愈小。

　　舉例來說，當我們唱出 Do、Re、Mi、Fa、Sol 時，每個音有各自的音高，就是因為各自有不同的頻率。從 Do 的音開始，沿著 Re、Mi、Fa、Sol、La、Si，頻率不斷的爬升，直到高一個八度音的 Do，頻率恰好就是原來那個 Do 的兩倍。頻率的高低可以刻畫在一個連續的軸上，但跳躍的音符，讓我們說話或唱歌時，有更多的變化，如果我們挑選一系列特定頻率的音，依照高低順序排列，那麼這些有序排列的音符所形成的「音階」，也可以讓這些離散的音聽起來有連續的感覺。像是快一點的哼出 Do–Re–Mi–Fa–Sol–La–Si–Do，雖然是離散的音，但相鄰的音頻比例不大，所以聽起來這個由低到高的音階，不像階梯，像是個斜坡。

　　許多音樂和歌曲，都可以由 Do、Re、Mi、Fa、Sol、La、Si 的音排列組合而成，這些音為什麼分別要叫做 Do、Re、Mi、Fa、Sol、La、Si 呢？

　　十一世紀的義大利修士桂多 (Guido d'Arezzo, 995–1050) 根據手邊一首〈聖約翰贊美詩〉的詩句，他用當中每句字首的第一個音節當成唱名。例如第一句 Ut queant laxis 的第一個字 Ut 當成第一個音的唱名，以此類推，因此音階有 Ut、Re、Mi、Fa、Sol、La 的唱法，經過數百年，在十六、七世紀時，Ut 被改成 Do，也加上了 Si 的音，形成現今習慣的音階唱名。

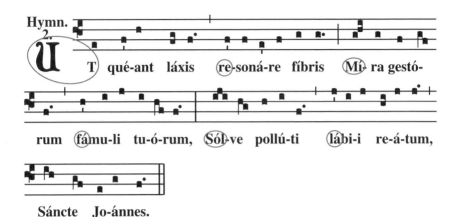

【圖 1-1】：〈聖約翰贊美詩〉的部分樂譜，圈起來之處即為後來各音的命名由來。當時的樂譜採用的是四線譜，不同於現在的五線譜。

在【圖 1-1】〈聖約翰贊美詩〉的樂譜裡可以看到，當時所使用的譜只有四條線，並不是現今使用的五線譜，實際上，更早之前的教會音樂（世俗音樂在當時不入流，因此也幾乎不被記錄下來），只有用音符的高低來呈現吟唱時聲音的高低，但多高或多低，也只有憑著口語相傳的記憶，後來才開始用「線」去規範音高，線的多寡也是到了桂多的時期，才統一成四線，而音符的樣貌和間距，則決定吟唱字句的長短。

仰吭高歌，俯首低吟，記錄音樂這件事，人們似乎很自然的會把高音往上擺，低音往下放，一段旋律之中，每個音符的頻率高低，律定成音符在「線譜」中的高低位置。而視時間為橫軸，線、間的交疊為縱軸的刻度，拍子的長短，音符的高低隨著譜的流動來描述旋律的進行。樂譜，不就是一個記錄音樂的坐標系嗎？

不過，在線譜的這個坐標系中，軸上的刻度沒有統一的單位長度。

以橫軸（時間軸）為例，其時間的脈絡是以小節的長度和音符的樣貌來區分，像是拍號 $\frac{4}{4}$ 代表的是一個小節有 4 拍，以四分音符為一拍的意思，而拍號 $\frac{3}{4}$ 代表的是一個小節有 3 拍，以四分音符為一拍。有趣的是，拍子的長短幾乎可說是二進位的，四分音符長度的兩倍是二分音符，再兩倍則是全音符，而八分音符的長度則是四分音符的一半，四分音符一半的一半是十六分音符，還有三十二分音符、六十四分音符、……等等。這樣的二分法，讓「打拍子」這件事變得容易許多：假如某個人以穩定的速度打拍子，另一個人若要加入一起打拍子，但想多一點點變化，拍子打得「快一點」，那就兩倍速吧，這樣兩個人還是能打在拍點上，聽起來也不會太雜亂無章。

　　再看看「附點」音符這件事。在一個音符旁加一個小點，代表這個音符持續的時間是原本音符的一倍半，例如「附點四分音符」的長度，就等於一個四分音符加一個八分音符 ($\downarrow . = \downarrow + \flat$)。如果音符旁加兩個小點，則持續的時間是原音符再加一半和一半的一半，也就是 $1 + \frac{1}{2} + \frac{1}{4} = 1\frac{3}{4}$ 倍的長度，例如「複附點四分音符」的長度，就等於一個四分音符加一個八分音符再加一個十六分音符 ($\downarrow .. = \downarrow + \flat + \flat$)。如果音符旁加三個小點，長度則是原本音符的 $1 + \frac{1}{2} + \frac{1}{4} + \frac{1}{8} = 1\frac{7}{8}$ 倍，例如「三複附點四分音符」的長度，就等於一個四分音符加一個八分音符加一個十六分音符再加一個三十二分音符 ($\downarrow ... = \downarrow + \flat + \flat + \flat$)，以此類推。（當然，音符旁加三個以上小點的情況不常見，有時候樂譜上會把幾個相同音高的音符用連結線串起，表示延續更長的音。）

那麼，一個四分音符，加上幾個附點，音符才會延續到我們想要的長度呢？或者問，一個四分音符，加上無限多個附點，那這個音可以延續到永恆嗎？

$$\text{♩}_{(\bullet \times \infty)} \div \text{♩} \times \infty$$

古希臘哲學家芝諾（Zeno of Elea，約 490–430 B.C.）講過一個故事：希臘神話中擅長跑步的戰士阿基里斯有一天和烏龜約定好要比賽跑步，他們各自以不變的速率賽跑，但偉大的阿基里斯禮讓烏龜 1 哩的距離，比賽開始時，烏龜和阿基里斯在相距一哩的位置同時起跑，跑著跑著，當阿基里斯跑了 1 哩，到達烏龜開始出發的位置時，烏龜已經在前方的某一處了，而當阿基里斯又跑到這一處時，烏龜又早已跑到更前方的某一處，以此類推，每當阿基里斯跑到烏龜剛剛所在的位置時，烏龜又都在前方一點點的位置，所以無論如何，阿基里斯永遠追不上烏龜！

阿基里斯看到烏龜在前方，卻永遠追不上烏龜？這結論怪怪的吧！

在阿基里斯悖論中，如果假設阿基里斯的速率是烏龜的兩倍，計算阿基里斯所跑的距離，可寫成 $1 + \frac{1}{2} + \frac{1}{4} + \frac{1}{8} + \frac{1}{16} + \cdots$ 哩，這個距離有多長呢？

學音樂的人（或者識譜的人）都知道，如果要在 $\frac{2}{4}$ 拍的小節裡，放上加一個附點的四分音符，那麼就得要再放一個八分音符或八分休止符才能填滿一個小節。如果是放一個加兩個附點的四分音符，則要再放一個十六分音符或十六分休止符才能填滿一個小節，以此類推。一個附點配一個一半的音符或休止符、兩個附點配一半的一半的音符

或休止符、三個附點配一半的一半的一半的音符或休止符，才能填滿一個小節。這對看得懂樂譜的人來說，並不太困難，甚至可以說，蠻自然的。一般而言，一個加了 $n$ 個附點的四分音符，要再配上一個長度為四分音符的 $\frac{1}{2^n}$ 倍的音符或休止符，才能填滿整個小節。熟悉拍子的人，可以很自然的「感覺」出它的長度，在樂譜這個音樂坐標系的橫軸上，音樂人早已駕馭了抽象的數學。

我們就用一個 $\frac{2}{4}$ 拍的小節，把附點四分音符的長度換成一個四分音符加上一個八分音符來表示，複附點四分音符換成各一個四分音符、八分音符和十六分音符來表示，其餘的也類似的，小節裡剩餘的部分就以休止符來填滿，那麼就有【表 1–1】的情況：

| $\frac{2}{4}$ 拍的一個小節 | 拍子的長度（括號為休止符的長度） |
|---|---|
| $\frac{2}{4}$ ♩♪ヮ ‖ | $1 + \dfrac{1}{2} + \left(\dfrac{1}{2}\right) = 2$ |
| $\frac{2}{4}$ ♩♪♪ヮ ‖ | $1 + \dfrac{1}{2} + \dfrac{1}{4} + \left(\dfrac{1}{4}\right) = 2$ |
| $\frac{2}{4}$ ♩♪♪♪ヮ ‖ | $1 + \dfrac{1}{2} + \dfrac{1}{4} + \dfrac{1}{8} + \left(\dfrac{1}{8}\right) = 2$ |
| $\frac{2}{4}$ ♩♪♪♪♪ヮ ‖ | $1 + \dfrac{1}{2} + \dfrac{1}{4} + \dfrac{1}{8} + \dfrac{1}{16} + \left(\dfrac{1}{16}\right) = 2$ |
| $\frac{2}{4}$ ♩♪♪♪♪♪ヮ ‖ | $1 + \dfrac{1}{2} + \dfrac{1}{4} + \dfrac{1}{8} + \dfrac{1}{16} + \dfrac{1}{32} + \left(\dfrac{1}{32}\right) = 2$ |

【表 1–1】

可以發現，在這 $\frac{2}{4}$ 拍的一個小節裡，

$$\text{♩}_{(\cdot \times n)} + n\{\text{♪}\!\!\!/ = \text{♩} + \text{♪} + \text{♪} + \cdots + \text{♪}\}n + n\{\text{♪}\!\!\!/ = 2 \text{ 拍}$$

也就是說，這個兩拍的小節裡，拍子的長度為

$$1 + \frac{1}{2} + \frac{1}{4} + \cdots + \frac{1}{2^n} + (\frac{1}{2^n}) = 2$$

所以，

$$1 + \frac{1}{2} + \frac{1}{4} + \cdots + \frac{1}{2^n} = 2 - \frac{1}{2^n} < 2$$

四分音符後面不管加多少個附點，永遠跨不過一個兩拍的小節，也就是說 $n$ 不管有多大，$1 + \frac{1}{2} + \frac{1}{4} + \cdots + \frac{1}{2^n}$ 的值總是小於 2。因此無限多個附點的長度，再怎麼樣也跨不過一個 $\frac{2}{4}$ 拍的小節。那麼阿基里斯所跑的距離，不也是類似，不會超過 2 哩嗎？

阿基里斯不可能「永遠」跑不到 2 哩吧，記得，阿基里斯是以不變的速率去追烏龜，所以只需要花跑 1 哩時間的 2 倍，就能跑到了。芝諾的悖論中，把距離（空間）作了無限次的分割，但沒有考慮任兩次距離分割之間所花的時間，就斷定將距離作「無限次分割」要花「無限久」的時間（永遠），這當然就出現了問題。

一個四分音符不管加幾個附點，都到不了永恆，甚至跨不過一個 $\frac{2}{4}$ 拍的小節。但作曲家所譜下的曲子，卻能藉由樂譜這個音樂的坐標系，透過美妙的音符永遠的留傳下來。

　　我們把話題拉回到「聲音」本身。聲音的傳播需要依賴介質，例如空氣。透過空氣的振動，傳到耳朵，由耳朵裡精密複雜的構造，把動能轉換成電能，再傳到腦部，然後「感覺」耳朵聽到了聲音。

　　空氣持續不斷的振動，像蚊子的翅膀不斷地揮舞，翅膀周圍的空氣如漣漪般隨之不斷地被鼓動，如果這情事發生在你耳邊，蚊子悠遊的飛翔肯定會讓你感到無比的刺耳。蚊子翅膀振動的愈快，發出的聲音愈尖銳，換句話說，振動頻率愈快，音高愈高。但如果蚊子只是藏在房間的某一處，那個尖銳惱人的聲音不再，你依舊存在的厭惡感可能只是因為你明知牠在而尋牠千百度，驀然回首，牠卻不在你想要的燈火闌珊處的失意吧。

　　一個穩定的聲音，可以簡單的想成是一個連續有規律的波動，或者說是有週期性的波動，週期的意思是「振動一次所需要花的時間」，而頻率是「單位時間裡振動的次數」，所以週期就是頻率的倒數。振動的波形的最高點（或最低點）到波形的平衡位置的距離稱為振幅。聲音的大、小聲，取決於振動的振幅，聲音的高低取決於頻率（或週期）。

　　通常人耳能聽到的頻率約略介於 20 到 20000 赫茲之間，蚊子翅膀的振動頻率約為 600 到 700 赫茲，因為是振動的頻率影響聲音的高低，所以即使有一群蚊子在耳邊飛舞，因為牠們的翅膀振動頻率差不多，因此只會聽到比較大聲的聲音，並不會覺得一群蚊子的聲音變得特別高。

　　一隻蚊子在你耳邊呢喃已經令人受不了了，如果有兩隻蚊子在你耳邊共舞，你的厭煩可能會加倍，但是兩隻蚊子的聲音大小並不會讓你覺得是一隻蚊子聲音的兩倍，否則夏日的傍晚若忘了關窗，你大方的讓蚊子飛進房間，夜半安枕時突然同時有十隻蚊子在你耳邊高歌，

造成的音量大小若是一隻蚊子音量大小的 10 倍，那耳膜豈不是要被振聾了。

　　造成聲音的大小與振動造成的壓力有關，十隻蚊子振動翅膀產生的壓力大約是一隻蚊子拍動翅膀傳遞的壓力的 10 倍，同樣的，愈用力打蚊子，拍掌時的壓力愈大，「啪！」的聲音也就愈大（當然，愈用力打蚊子，打中蚊子的機率會不會愈大，這又是另外一個問題了）。演奏樂器也是，愈用力打鼓、愈用力敲鍵盤、愈用力吹喇叭，聲音都會愈大，是因為費比較多力，耗比較多能量。

　　壓力大，聲音大，但是「感覺」到的聲音並不會與壓力成正比，就如上述的例子，蚊子愈多，聲音確實是愈大，但是不會大到真的震耳欲聾。因為人的感受，是把壓力「取對數」之後的結果。取了對數之後，把倍數增長的能量，轉換成我們感受到音量的大小差異。身體其他部位的感覺，也是類似的取了對數之後，才有感受上的差異。像是星星的亮度，我們取了對數之後，才定義成星等：一星等的亮度約為二星等亮度的 2.51 倍，二星等亮度約為三星等亮度的 2.51 倍，三星等亮度約為四星等亮度的 2.51 倍，以此類推，最後得到一星等亮度約為六星等的 $2.51^5 \approx 100$ 倍，所以反過來，如果知道兩顆星的亮度，取了對數之後就能知道它們星等的差異，星等是我們對於星星的亮度所感受到的「亮」的差異，真正的感受與真正的亮度並非成比例。地震也是，不同的地震，地殼震動釋放出來的能量，往往都是幾十倍、幾百倍甚至幾千倍，但是人們感受到的搖晃程度，並不會是幾十、幾百或幾千倍，否則不說地震所造成的損害，光是「振動」本身，就足以讓我們感受到被火車撞擊的威力了。雖然震度還和與震央距離遠近等因素有關，但若只以地震規模為例，即我們習慣聽到的「芮氏規模」，

它也是把地震釋放的能量取了對數之後，才得到規模 4、規模 5 這種比較簡單且容易體會的數字。

「取對數」簡單來說，就是把倍數的比值變成等距的差。

所以可以說，人的腦袋裡有個用對數寫成的程式，它可以將自然界以倍數增長的能量比例轉換成可以直接比較的感覺差異，然後我們才有看、聽，甚至平衡的能力。

物理上用「響度」來計量聲音的大小，單位是分貝 (deci-Bell, dB)，分貝並不是造成聲音的壓力單位，而是把聲壓取了對數之後的結果。聲壓的單位是帕斯卡 (Pascal, Pa，$1\ Pa = 1\ N/m^2$)，國際公認的參考聲壓值是 $0.00002\ Pa$，大約是你看到一隻蚊子飛過眼前時造成的聲壓，注意，不是蚊子在耳邊的聲音大小哦！這一個聲壓大小的響度則被定義成 0 分貝，也是耳朵能聽到聲音大小的下限。把一個聲音的聲壓大小與參考聲壓的倍數取常用對數，再乘以 20，即可以換算成它的分貝數。常用對數是以 10 為底的對數，例如將 10 取對數後得到 1，將 100 取對數後得到 2，將 1000 取對數後得到 3，如果 1 的後面有 $n$ 個 0，取對數之後就得到 $n$。舉例來說，你在遠處聽到大約 $2\ Pa$ 的飛機引擎聲，$2\ Pa$ 是參考聲壓 $0.00002\ Pa$ 的 100000 倍，取對數之後再乘以 20，換算成響度為 100 分貝。人耳的極限大約是 120 分貝，120 分貝的聲音會讓耳朵覺得極不舒服甚至感覺到痛，日常生活中能聽到的聲音幾乎都在 80 分貝以下，但是造成 80 分貝聲音大小的壓力，還不到造成 120 分貝聲音大小的一半壓力。如果只以聲壓大小來計量聲音大小，會發現計量出來的值全擠在一個窄窄的區間內，但是取了對數之後的響度，就能把這些不同大小的聲音拉開，也比較符合我們所感受到大聲小聲的「差距」。

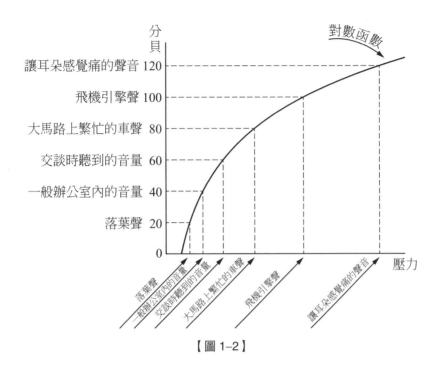

【圖 1-2】

　　我們感受到的聲音大小，是把空氣振動傳遞的能量取了對數的結果，其實不只有大小聲的感受是將能量取了對數的結果，對於聲音的高低，也需要把頻率取對數之後，才較符合我們習慣上對音高的感受。音的高低與頻率有關，接下來，我們將好好的談一談與頻率關聯性最高的「音階」。

## 第二章
## 感性與理性的音階

　　兩千六百多年前，希臘的數學家畢達哥拉斯　（Pythagoras，約570–495 B.C.），某次經過一家打鐵舖時，鐵匠們拿著大鎚用力敲打鐵塊，鏗鏗鏘鏘的聲音吸引了畢達哥拉斯的注意，畢達哥拉斯發現鐵匠們打鐵時發出的聲音有的尖銳，有的低沉，高低並不相同，而且有些打鐵的聲音互相搭配時和諧整齊，有些打鐵的聲音搭配起來反而令人感到不舒服。不同音高的任意搭配並非都是悅耳的。

　　畢達哥拉斯回到家之後拿弦琴作實驗，他調整弦的長度，發現弦長愈長，聲音愈低，弦長愈短，聲音愈高。而且同時撥動長度為 1：2 的兩弦，發出的聲音非常和諧，雖然音高不同，聽起來卻像是同一個音。經過不斷的實驗，畢達哥拉斯最後發現，使用四條長度比為 6：8：9：12 的弦，撥動任意兩條，搭配的聲音都會是和諧的。

　　畢達哥拉斯為一學派之首，這個神秘學派跨足科學與宗教，他們崇尚「數」，認為整個世界由數所構成，因此這個學派也產生了許多數學家，不過在畢氏學派裡，所有的數學發現都會歸功給畢達哥拉斯，所以若有人說「畢達哥拉斯發現了○○定理」，意思應該是「畢氏學派的數學家發現了○○定理」才對。

　　畢氏學派所崇尚的「數」是整數，或整數與整數的比值，畢氏學派認為世間萬物都與這些數有關，所有生活中用到的、測量的、分類的，通通都使用到了整數或整數的等份分割。但是大家最熟悉的畢氏定理：「直角三角形兩股長的平方和等於斜邊長的平方」卻告訴我們，等腰直角三角形的斜邊長是任一股長的 $\sqrt{2}$ 倍，$\sqrt{2}$ 是無理數，並不能寫成整數與整數的比值，所以畢氏學派發現了畢氏定理，畢氏定理又導出存在無法將整數等份分割的數，這個結果動搖整個學派的中心思想，於是他們規定學派裡的成員不准把這個發現宣傳出去，但是一位相信真理高於信仰的數學家希帕索斯 (Hippasus) 不顧學派禁令，對外說出了 $\sqrt{2}$ 的發現，此舉惹怒了學派裡的其他人，據說希帕索斯最後被學派徒眾綁到船上丟到地中海裡淹死了。無理數的發現，也被稱為第一次的數學危機。

　　回到弦長的比例，在「6 : 8 : 9 : 12」裡，6 : 12 = 1 : 2 是兩個最小的正整數的比例，6 : 9 = 8 : 12 = 2 : 3 是接下來的兩個正整數的比例，6 : 8 = 9 : 12 = 3 : 4 是再接下來的兩個整數的比例。「6 : 8 : 9 : 12」非常完美的符合畢氏學派的期待：都是由整數，而且是最簡單的整數，所構成的比例。

　　畢達哥拉斯根據他的發現，制訂了音階（畢氏音階）。所謂「音階」，就像是把不同的音一個一個放在階梯上一樣，一階一個音，依照音高順序由低排到高，例如 Do、Re、Mi、Fa、Sol、La、Si 就是音階。可以想成有一排樓梯，每一階都有一個名字，分別就是 Do、Re、Mi、Fa、Sol、La、Si，而 Si 再往上一階時，就抵達了第二層樓的 Do，每一層樓的第一階都是 Do，不同層樓（不同的八度）的 Do，音是相同的，但是高度不同，其他的音也是一樣。當這些音的位置都確

定了之後，音樂的流動就好像在這個階梯上跳上跳下，跳到哪一個位置就播放哪一個音。不過，到底每一階應該要放多高的音，這就是「制訂音階」的人做的工作了。所以，「畢達哥拉斯制訂了音階」，意思就是說，他決定了音樂的階梯上，每一階的音高。

如果畢達哥拉斯製造音階的故事是真的，他可能是西方音樂史上第一個透過觀察 → 實驗 → 建立理論的第一人。雖然這個傳說的正確性已不可考，但是我們仍可仿照故事中的畢達哥拉斯，利用現代的工具——電腦，輸入聲音的頻率，聽聽看它們的音高。

找一個可以輸入頻率播出聲音的軟體，輸入一個頻率 $f$，然後 $f$ 的 2 倍、3 倍、4 倍、……、10 倍，然後聽聽看它們的聲音，比較 $f$、$2f$、$3f$、$4f$、……、$10f$ 的聲音聽起來分別像是哪些音。

一個單調的音聽起來到底是像 Do，還是 Re，又或是 Mi？其實可能會因為一開始認定頻率 $f$ 的音是誰而有差別。 我們在第一章提過 Do、Re、Mi……的唱名是由義大利修士桂多依據〈聖約翰讚美詩〉詩詞內的第一個音節訂定的，但是在更早的九世紀之前，就有人用 A、B、C 等字母來訂音名，而到了 1955 年時，國際標準化組織採用 440 赫茲為中央 Do 上的 La 的頻率，這個音的音名即為 A，之後即以此音的頻率作為調校樂器的標準。唱名和音名的對照如【表 2–1】。

| 唱名 | Do | Re | Mi | Fa | Sol | La | Si |
|------|----|----|----|----|-----|----|----|
| 音名 | C | D | E | F | G | A | B |

【表 2–1】

　　一般來說，在不同大調時的 Do、Re、Mi、Fa、Sol、La、Si 的音高位置都不一樣，例如在鋼琴上，C 大調時的 Do 是在靠近兩個連續黑鍵左邊的那一個白鍵，D 大調的 Do 則是在兩個黑鍵中間的白鍵，也就是 C 大調 Re 的位置上。為了方便說明與舉例，**本書中的 Do、Re、Mi、……指的都是 C 大調中的音階位置**。無論使用的是音名還是唱名，都可以清楚的知道所指的是哪一個音，但如果還要區分不同八度的音名，通常會在音名旁加註數字，以區別不同音高的音，例如中央 C，一般會寫成 $C_4$，這個音指的是一開始學鋼琴時，老師要求右手大拇指應該擺放的那一個白色鍵盤所代表的音，而 440 赫茲的 La，與 $C_4$ 在同一個八度，所以它也被記為 $A_4$，而比 $C_4$ 更高一個八度的 Do，則記為 $C_5$。

　　雖然國際標準化組織訂了 440 赫茲為 $A_4$，可是其他音的頻率倒是沒有被限制，一般來說，中央 Do 的 $C_4$ 的頻率大約是 264 赫茲左右。假設現代畢達哥拉斯在電腦輸入的 $f$ 為 264 赫茲，則 $2f = 528$ 赫茲，$3f = 792$ 赫茲，以此類推，接下來就可以聽聽看，這些頻率分別對應到哪些音？（如果區分不出來，也可以坐到鋼琴前，比對一下電腦裡這些頻率所輸出的聲音比較接近鋼琴鍵盤的哪一些音？）答案在【表 2-2】的最下面一列！

| 頻率 | $f$ | $2f$ | $3f$ | $4f$ | $5f$ | $6f$ | $7f$ | $8f$ | $9f$ | $10f$ |
|---|---|---|---|---|---|---|---|---|---|---|
| | 264Hz | 528Hz | 792Hz | 1056Hz | 1320Hz | 1584Hz | 1848Hz | 2112Hz | 2376Hz | 2640Hz |
| 音名 | $C_4$ | $C_5$ | $G_5$ | $C_6$ | $E_6$ | $G_6$ | $B^b_6$ | $C_7$ | $D_7$ | $E_7$ |

【表 2-2】

找一下相同的音名，可以發現頻率 $f$、$2f$、$4f$、$8f$ 的音都是 C (Do)，$3f$ 和 $6f$ 的音都是 G (Sol)，$5f$ 和 $10f$ 的音都是 E (Mi)，看起來，只要頻率是 2 倍或 2 的冪次（$2^n$ 的意思），聽起來都會是同一個音，如果把頻率為 $3f$ 的 $G_5$ 減半，則頻率 $\frac{3}{2}f = 396$ 赫茲的音，聽起來確實也會覺得是 $G_4$ (Sol) 的音。因此，如果想要把某一個音拉高一個八度，只要把頻率乘以 2，要拉高兩個八度，就把頻率乘以 4，拉高三個八度，頻率乘以 8 即可，若是要降低一個八度，則頻率除以 2 就行了。

　　此外，頻率 $2f$ 和 $3f$ 的音分別是 $C_5$ 和 $G_5$，頻率 $4f$ 和 $6f$ 的音分別是 $C_6$ 和 $G_6$，是同一個八度裡的 Do 和 Sol 的兩個音，甚至，如果把頻率 $6f$ 的音也當成 Do，則頻率 $9f$ 的音聽起來也會是 Sol，於是，我們可以發現，頻率比為 2：3 的兩個音，聽起來就像 Do 和 Sol，或者，可以更精確的說，這兩個音的音程是「完全五度」（或簡稱「五度」）。

　　同樣的方式，還可以比對出頻率 $4f$ 和 $5f$、$8f$ 和 $10f$ 都是同一個八度的 Do 和 Mi，也就是說頻率比為 4：5 的兩個音，音程也相同，稱為「大三度」。

　　於是，我們有頻率比為 1：2 的代表相差一個八度但聽起來相同的兩個音，頻率比為 2：3 代表了音程為完全五度的兩個音，頻率比為 4：5 代表了音程為大三度的兩個音。

　　音程的差距，也就是兩音之間音高的關係，會與頻率的倍數或比例有關，因此我們甚至可以由頻率 $8f$ 和 $9f$ 代表的 Do 和 Re，可以猜得出，大二度音程（或是說相差一個全音的音程），頻率比大約就是 8：9。

現在，我們可以利用這幾個頻率的比例，開始來「制訂音階」了。高八度或低八度，頻率就乘或除以 2，高五度或低五度，頻率就乘或除以 $\frac{3}{2}$，高大三度或低大三度，頻率就乘或除以 $\frac{5}{4}$，因此在同一層樓（同一個八度）裡，Do、Re、Mi、Fa、Sol、La、Si 的頻率，就可以有如下的安排：

Do：假設 Do ($C_4$) 的頻率為 264 赫茲；

Re：因為 Do ($C_4$) 和 Re ($D_4$) 的頻率比是 8:9，所以 Re 的頻率是 264 赫茲的 $\frac{9}{8}$ 倍，即 297 赫茲；

Mi：因為 Do ($C_4$) 和 Mi ($E_4$) 的頻率比是 4:5，所以 Mi 的頻率是 264 赫茲的 $\frac{5}{4}$ 倍，即 330 赫茲；

Fa：因為 Fa ($F_4$) 到高八度的 Do ($C_5$) 的音程也是完全五度，所以 Fa 的頻率是原本 Do ($C_4$) 的 2 倍再 $\frac{2}{3}$ 倍，即 264 赫茲的 $\frac{4}{3}$ 倍，352 赫茲；

Sol：因為 Do ($C_4$) 和 Sol ($G_4$) 的頻率比是 2:3，所以 Sol 的頻率是 264 赫茲的 $\frac{3}{2}$ 倍，即 396 赫茲；

La：因為 La ($A_4$) 到高八度的 Mi ($E_5$) 的音程也是完全五度，所以 La 的頻率是原本 Mi ($E_4$) 的 2 倍再 $\frac{2}{3}$ 倍，即 330 赫茲的 $\frac{4}{3}$ 倍，440 赫茲（它剛好是標準音 A 的頻率，所以我們一開始才把 Do 訂為 264 赫茲）；

Si：因為 Mi ($E_4$) 和 Si ($B_4$) 的音程也是完全五度，所以 Si 的頻率是 330 赫茲的 $\frac{3}{2}$ 倍，即 495 赫茲。

　　利用這些頻率的比例所構造出來的音，主要都是用 1：2、2：3 和 4：5 三種最簡單的整數比例所構造的，這種音階稱為「純律」。之所以用「純」這個字，是因為頻率的比例為較小的正整數比例，聽起來會比較「和諧」。

　　為什麼兩個音的頻率比是比較小的正整數比，聽起來就會比較和諧呢？

　　首先我們要先知道什麼是「泛音」。當演奏樂器時，若發出一個單音，我們覺得好像只有產生一個頻率的音，但實際上它是一個複合的音，是由許多頻率的音所構成，我們聽到一個聲音，認為它只有一個頻率，這個頻率稱為基頻，而基頻的兩倍、三倍、四倍……等整數倍頻率的音其實也會出現，只是這些不同頻率的波形振幅不會一樣大，即不同倍數頻率的音量不一樣大，所以鋼琴、笛子、提琴等不同的樂器，就算發出相同頻率的音（基頻相同），但其他倍數的頻率的音量大小不同，會造成不同樂器有不同的音色。如果單單只有一個頻率的音色，聽起來就像某些電器嗶嗶聲或紅白遊戲機一樣呆板。因此我們得以分辨出不同樂器的音色，而這些頻率有倍數關係但振幅不同的聲音同時出現時，我們會覺得聽到的是基頻的音。

　　以【圖 2-1】為例，即可看出在相同的長度裡，允許形成不同倍數頻率的波，但它們都是基波頻率的整數倍。若波長是基波的一半，頻率是基頻的兩倍，其發出的音稱為第二泛音；若波長是基波的三分之一，頻率是基頻的三倍，發出的音稱為第三泛音，以此類推。

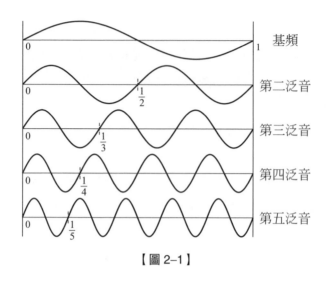

【圖 2-1】

　　如果彈鋼琴上的 Do 和 Sol 兩鍵，我們會聽到頻率比為 2：3 的兩個音，其實這個「頻率」指的是它們的基頻比為 2：3 （週期比是 3：2）。

　　假設 Do 的頻率為 264 赫茲，那它的第二、第三、第四、第五、第六、……泛音，頻率分別是 528 赫茲、792 赫茲、1056 赫茲、1320 赫茲、1584 赫茲、……。若 Sol 的頻率為 396 赫茲，則它的第二、第三、第四、……泛音，頻率分別是 792 赫茲、1188 赫茲、1584 赫茲、……。

　　可以看到，Do 的第三泛音和 Sol 的第二泛音頻率相同，都是 792 赫茲，Do 的第六泛音和 Sol 的第四泛音頻率也相同，都是 1584 赫茲，它們有不少泛音的頻率會相同，所以在鋼琴上同時彈 Do 和 Sol 的時候，我們的大腦會覺得這兩個音的搭配很「和諧」。這就是為什麼頻率比是比較小的正整數比時，音與音的搭配聽起來會很和諧，透過和諧的音的搭配，也能創造出各種豐富的和弦。

　　頻率有較小正整數比的兩個音，頻率本身的數值其實差距都蠻大的，而頻率相近的兩個音，聽起來就差不多是同一個音，例如頻率264赫茲和265赫茲的音，聽起來都會像Do（而且本來就沒有特別規定Do的音一定要用什麼頻率）。如果有兩個人，用相同的樂器，不太計較調音的問題，他們同時發出Do的音，卻分別是頻率264赫茲和265赫茲的Do，這樣的搭配會有什麼影響呢？

　　一般來說，兩個不同頻率的波疊加起來，因為兩個波的波峰和波谷位置不全相同，所以疊加的時候，振幅有的會變大，有的會變小。我們先拿頻率比較小的波來比較看看。【圖2–2】的A、B、C三種波的頻率分別是9赫茲、10赫茲和11赫茲，可以數數看，在每一秒內它的波峰數量，應該分別就是9個、10個和11個。如果把頻率10赫茲和11赫茲的B和C兩個波疊加起來，得到的D波，它彷彿是由許多小漣漪組合成一個大波浪，而且每秒就產生一個「大波浪」。如果拿9赫茲的A波和11赫茲的C波疊合起來，也會有類似的效果，只是每一秒鐘會有兩個大波浪。

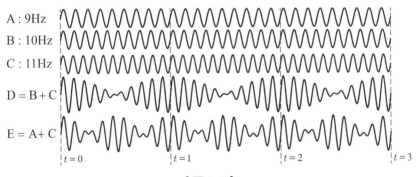

【圖2–2】

　　實際上，兩個頻率相差 1 赫茲的波疊加起來，每一秒就會產生一個大波浪；兩個頻率相差 2 赫茲的波疊加，每一秒就會產生兩個大波浪；以此類推，頻率相差 $n$ 赫茲的波疊加，每一秒就會產生 $n$ 個大波浪。

　　人類的耳朵對於每一秒鐘兩、三次之類較少次數的振盪會有所感覺，所以如果兩個頻率相近的波，其頻率落在人耳聽得到的範圍內（約 20 赫茲到 20000 赫茲之間），那麼除了聽到大約這兩個相近頻率的波形成的音高之外，還會有兩個波疊加造成的大波浪產生忽大忽小聲的嗡嗡聲。一個大波浪就嗡一次，所以頻率相差 $n$ 個赫茲的波疊加（$n$ 不要太大），就會嗡 $n$ 次。而且這個 $n$ 不一定要是整數，例如頻率相差 0.5 赫茲的波疊加 ($n = 0.5$)，表示每兩秒會嗡一次。

　　所以，同時撥放 264 赫茲和 265 赫茲的兩個音，會發生什麼事？答案是：依然聽得到中央 Do 的音高，但是會有每秒一次的嗡嗡聲。

　　如果改用 265 赫茲的音當成 Do，而維持 396 赫茲的音當 Sol，那麼 Do 有一個 795 赫茲的第三泛音，Sol 有一個 792 赫茲的第二泛音，它們兩個的頻率很接近，但是不完全一樣，每秒的振動只差了 3 次，因此每一秒鐘會隱約聽到 3 個「嗡、嗡、嗡」聲。嗡嗡聲微弱，是因為它不是基頻造成的，是泛音列造成的現象，所以嗡嗡聲通常不會特別明顯。

　　這種「嗡嗡聲」，稱為拍頻 (beats)。

　　所以我們用頻率比例製造音階時，講的是基頻的頻率比，而且理想上，會盡可能的避免拍頻的產生。

我們已經知道當兩個音的頻率比是較小的正整數比時，則此兩音所搭配的聲音聽起來會較為和諧，我們也利用了頻率比分別為 1：2、2：3 和 4：5 所形成的八度、完全五度和大三度音程，把同一個八度裡的 Do、Re、Mi、Fa、Sol、La、Si 的頻率都找出來。

　　其實可以用一個更簡單的方式來看這些音的頻率比：因為 Do 到 Mi 的大三度音程的頻率比是 4：5，Do 到 Sol 的完全五度音程的頻率比是 2：3，所以把 Do、Mi、Sol 這三個音擺在一起，頻率比為 4：5：6，類似的還有音高逐漸往上的 Fa、La、Do 和 Sol、Si、Re，所以把它們重新排列一下，變成：

$$
\begin{array}{ccccccc}
\text{Fa} & \text{La} & \text{Do} & \text{Mi} & \text{Sol} & \text{Si} & \text{Re} \\
4 : & 5 : & 6 & & & & \\
& & 4 : & 5 : & 6 & & \\
& & & & 4 : & 5 : & 6 \\
\hline
16 : & 20 : & 24 : & 30 : & 36 : & 45 : & 54
\end{array}
$$

由於這裡的 Fa → La → Do → Mi → Sol → Si → Re 的音是由低到高的，如果要把它們挪到跟 Do 相同的八度裡，就要用「相差八度音程的兩音頻率比為 1：2」的規則，把比 Do 還低的 Fa 和 La 的頻率拉高兩倍，把比 Do 還要高超過一個八度的 Re 的頻率砍半，重新將這些音依照音高來排列，就會變成：

$$
\begin{array}{ccccccc}
\text{Do} & \text{Re} & \text{Mi} & \text{Fa} & \text{Sol} & \text{La} & \text{Si} \\
24 : & 27 : & 30 : & 32 : & 36 : & 40 : & 45 \\
= \quad 1 : & \dfrac{9}{8} : & \dfrac{5}{4} : & \dfrac{4}{3} : & \dfrac{3}{2} : & \dfrac{5}{3} : & \dfrac{15}{8}
\end{array}
$$

所以，假設 Do 的頻率為 $f$（例如 264 赫茲），則可以把其他的音的頻率算出來，如【表 2-3】。

| 音名 | C | D | E | F | G | A | B | C(高八度) |
|------|---|---|---|---|---|---|---|-----------|
| 唱名 | Do | Re | Mi | Fa | Sol | La | Si | Do |
| 頻率 | $f$ | $\dfrac{9}{8}f$ | $\dfrac{5}{4}f$ | $\dfrac{4}{3}f$ | $\dfrac{3}{2}f$ | $\dfrac{5}{3}f$ | $\dfrac{15}{8}f$ | $2f$ |

【表 2-3】

如果把鋼琴上包括黑鍵和白鍵的每一個鍵盤拉開來，等距依序擺放在橫軸的位置，再把每一個白鍵的音頻分別對應到縱向高度上的點，則會發現 Do、Re、Mi、……到高音 Do 的頻率，並不會在一條直線上，甚至會感覺到，這些點緊緊地倚靠在一條平滑曲線附近。因此，假設這一條曲線確實存在，那麼黑鍵上的音，像 C$^\sharp$、D$^\sharp$、F$^\sharp$、G$^\sharp$、A$^\sharp$ 等，由橫軸上各自的位置垂直往上，對應到曲線上的點，它們的高度，就是它們的頻率了。

所以，能找出這條曲線就好了，但問題是，它是哪一個函數的圖形呢？

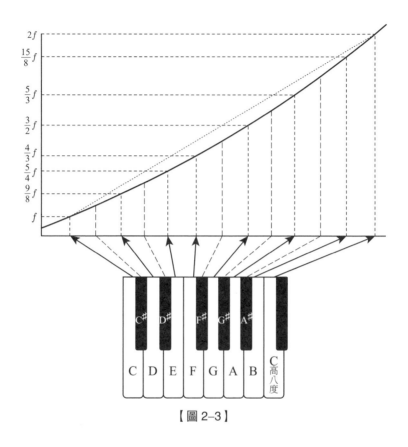

【圖 2–3】

　　假設有兩個單音，頻率分別為 264 赫茲的 Do 和 396 赫茲的 Sol 的單音，如果分別把它們的頻率都增加 200 赫茲，調高到 464 赫茲和 596 赫茲的兩個音，那麼它們的音相較之下，會不會也像 Do 和 Sol 的音呢？當然不會，464 : 596 的比例比較接近 4 : 5，聽起來其實會比較像是 Do 和 Mi 的關係。如果要使調高之後的音仍然像是 Do 和 Sol 的差距，那麼還是得把增加的頻率，依照 2 : 3 的比例增加，也就是說，若將 264 赫茲的 Do 調高到 464 赫茲，那 396 赫茲的 Sol 就應該增加 300 赫茲到 696 赫茲，那麼重新調整的兩個單音頻率比 464 : 696 = 2 : 3，聽起來才會像是同時提高音調的 Do 和 Sol。

　　我們可以利用這個想法，來思考上面我們想要找的那條函數曲線！

　　在鋼琴鍵盤上，我們希望所有依序上升的音裡面，相鄰的兩個聽起來感覺要相同，也就是每個半音的差距應該要相同，例如說，Do 到升 Do 聽起來的差距，要和升 Do 到 Re 聽起來的差距相同，所以 Do 到升 Do 的頻率比，應該要與升 Do 到 Re 的頻率比相同，同樣的道理，也要和 Re 到升 Re 的頻率比、升 Re 到 Mi 的頻率比、Mi 到 Fa 的頻率比相同，以此類推。因此，如果 Do 的頻率為 $f$，升 Do 的頻率為 $f$ 的 $k$ 倍，那麼 Re 的頻率應該要是 $f$ 的 $k^2$ 倍，升 Re 的頻率要是 $f$ 的 $k^3$ 倍，以此類推，則高八度的 Do 的頻率應該就要是 $f$ 的 $k^{12}$ 倍。而我們又知道，Do 到高八度的 Do 的頻率比為 1 : 2，所以 $k^{12} = 2$，這個 $k$ 的值記為 $2^{\frac{1}{12}}$ 或 $\sqrt[12]{2}$，大約是 1.0595。

$$\frac{f_{C\sharp}}{f_C} = \frac{f_D}{f_{C\sharp}} = \frac{f_{D\sharp}}{f_D} = \frac{f_E}{f_{D\sharp}} = \frac{f_F}{f_E} = \frac{f_{F\sharp}}{f_F} = \frac{f_G}{f_{F\sharp}} = \frac{f_{G\sharp}}{f_G}$$

$$= \frac{f_A}{f_{G\sharp}} = \frac{f_{A\sharp}}{f_A} = \frac{f_B}{f_{A\sharp}} = \frac{f_{高八度的C}}{f_B} \approx 1.0595$$

所以，假設 Do 的頻率是 $f$，那麼升 Do、Re、升 Re、Mi、Fa、……等各音的頻率就會如同【表 2–4】的情況。

| 音名 | C | C$^\sharp$ (D$^\flat$) | D | D$^\sharp$ (E$^\flat$) | E | F | F$^\sharp$ (G$^\flat$) | G | G$^\sharp$ (A$^\flat$) | A | A$^\sharp$ (B$^\flat$) | B | C 高八度 |
|---|---|---|---|---|---|---|---|---|---|---|---|---|---|
| 頻率 | $f$ | $2^{\frac{1}{12}}\cdot f$ | $2^{\frac{2}{12}}\cdot f$ | $2^{\frac{3}{12}}\cdot f$ | $2^{\frac{4}{12}}\cdot f$ | $2^{\frac{5}{12}}\cdot f$ | $2^{\frac{6}{12}}\cdot f$ | $2^{\frac{7}{12}}\cdot f$ | $2^{\frac{8}{12}}\cdot f$ | $2^{\frac{9}{12}}\cdot f$ | $2^{\frac{10}{12}}\cdot f$ | $2^{\frac{11}{12}}\cdot f$ | $2f$ |

【表 2–4】

如果把鍵盤上同一個八度裡的 Do、升 Do、Re、升 Re、Mi、Fa、升 Fa、Sol、升 Sol、La、升 La、Si 和高八度的 Do 分別對應到坐標系裡橫軸上的刻度 0、1、2、3、4、5、6、7、8、9、10、11 和 12，那麼刻度是 $x$ 的音，對應到的頻率為 $2^{\frac{x}{12}}\cdot f$，因此我們想要找的曲線就是函數 $y=2^{\frac{x}{12}}\cdot f$ 的圖形。

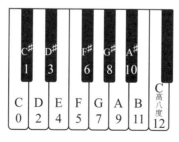

【圖 2–4】

　　利用這種「平均分配八度的頻率比例」得到的音階，就稱為「平均律」。平均分配比例，就能製造出音階。

　　如果你秀出這套音階給畢氏學派的門徒看，小心被丟到海裡！

　　假如把頻率 $f$ 設定為 264 赫茲，那麼 Re 的頻率是 $2^{\frac{2}{12}} \times 264 \approx 296.330$ 赫茲，和利用純律製造出來的 Re 的頻率 297 赫茲差一點點，平均律的 Mi 的頻率是 $2^{\frac{4}{12}} \times 264 \approx 332.619$ 赫茲，與純律中 Mi 的頻率 330 赫茲也有些微差異，其他的音也是，除了高八度的 Do 頻率恰好也是 528 赫茲（$264 \times 2^{\frac{12}{12}} = 528$），這中間的每個音，都與純律的音有些不同，而且「通通都是無理數」。

　　中間這些音的頻率當然通通都是無理數，因為在平均律製造出來的音裡面，相鄰兩個音的頻率比值都是 $2^{\frac{1}{12}}$，$2^{\frac{1}{12}}$ 沒有辦法寫成兩個整數的比值，它是個無理數。所以說，$y = 2^{\frac{x}{12}} \cdot f$ 這條曲線除了在前後兩個 Do 會碰到純律的點之外，它碰不到利用純律音階所標上的其他點。

　　純律的音頻是由幾個小而美的整數比值去製造出來的，所以它符合完美比例的要求。但是仔細檢查一下就會發現，Do 到 Re 和 Re 到 Mi 的音程雖然都是　「全音」，但是它們的頻率比值分別是 $\frac{9}{8}$ 和 $\frac{10}{9}$（$\frac{5}{4} \div \frac{9}{8}$），並不相同，所以如果想要移調，把原本的 Re 當成新的 Do，那原本的 Mi 就不能當成新的 Re，新的 Re 要比原本的 Mi 再高一點點才行。

　　如果用平均律，移調就變得容易多了。平均律製造的音階，每個半音音程的頻率比值都相同，所以要把原本的 Re 當成新的 Do，那麼原本的 Mi 可以當成新的 Re，原本的 Fa，可以當成新的升 Re，這完全無違和。調音師為鋼琴調音，都是以平均律為基礎操作，所以彈鋼琴時，手指平移一下就能作移調。

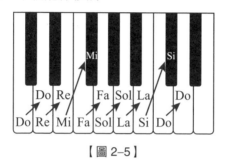

【圖 2–5】

　　假設以平均律的音階中，差距半音的音程（頻率比值為 $2^{\frac{1}{12}}$ 的兩音）當作「1」，全音的音程當作「2」，例如，Do 到 Re 的音程是 2、Re 到 Mi 的音程也是 2（它們都是全音），Mi 到 Fa 的音程是 1（Mi 到 Fa 是半音），Fa 到 Sol 的音程是 2，因此 Do 到 Sol 的完全五度音程可以一個一個數出有 7 個半音，所以音程為 7，或者將上述 Do → Re → Mi → Fa → Sol 的音程相加：2 + 2 + 1 + 2，也可以得到 7。而 Do 到高音 Do 的音程是 12。因此，頻率比值和音程可以有一個「數字的對應」關係。

| | | | |
|---|---|---|---|
| 頻率比值：$2^{\frac{1}{12}}$ | ⇔ | 音程：1 | 半音，小二度 |
| 頻率比值：$2^{\frac{2}{12}}$ | ⇔ | 音程：2 | 全音，大二度 |
| 頻率比值：$2^{\frac{3}{12}}$ | ⇔ | 音程：3 | 小三度 |
| 頻率比值：$2^{\frac{4}{12}}$ | ⇔ | 音程：4 | 大三度 |
| 頻率比值：$2^{\frac{5}{12}}$ | ⇔ | 音程：5 | 完全四度 |
| 頻率比值：$2^{\frac{6}{12}}$ | ⇔ | 音程：6 | 減五度、增四度 |
| 頻率比值：$2^{\frac{7}{12}}$ | ⇔ | 音程：7 | 完全五度 |
| 頻率比值：$2^{\frac{8}{12}}$ | ⇔ | 音程：8 | 小六度 |
| 頻率比值：$2^{\frac{9}{12}}$ | ⇔ | 音程：9 | 大六度 |
| 頻率比值：$2^{\frac{10}{12}}$ | ⇔ | 音程：10 | 小七度 |
| 頻率比值：$2^{\frac{11}{12}}$ | ⇔ | 音程：11 | 大七度 |
| 頻率比值：$2^{\frac{12}{12}}=2$ | ⇔ | 音程：12 | 完全八度 |

　　要將兩頻率相除所得的比例，換成可以加減的音程，使用的工具還是「對數函數」。把頻率比值用「對數」修理之後，即可得到能作加減運算的音程。

如果兩個音，較低的音的頻率為 $f_1$，較高的音的頻率為 $f_2$，則兩音的音程 $I$ 可以定義為

$$I = \log_{2^{\frac{1}{12}}}\left(\frac{f_2}{f_1}\right)$$

以平均律音階當成標準，使用對數將頻率比值轉換成音程之後，不同兩音的「音程」也就不一定要是整數了。舉例來說，在純律裡 Do 到 Sol 的完全五度，它們的頻率比為 $2:3$，音程 $\log_{2^{\frac{1}{12}}}\left(\frac{3}{2}\right)$ 的值大約是 7.02，不是整數 7，但雖不中，亦不遠矣，更何況，用平均律中完全五度 $1:2^{\frac{7}{12}}$ 的頻率比例製造出來的 Do 和 Sol，可能會產生拍頻，而純律的完全五度頻率比 $2:3$ 反而更符合「音樂性」。

在純律中，Do 到各個音的音程如【表 2–5】。雖然同一個八度裡的每一個音與 Do 的音程都不是整數，但也「蠻接近」整數的，所以純律和平均律兩種音階聽起來雖然有些微差異，但差異不大。

| 唱名 | Do | Re | Mi | Fa | Sol | La | Si | Do（高八度） |
|---|---|---|---|---|---|---|---|---|
| 頻率 | $f$ | $\frac{9}{8}f$ | $\frac{5}{4}f$ | $\frac{4}{3}f$ | $\frac{3}{2}f$ | $\frac{5}{3}f$ | $\frac{15}{8}f$ | $2f$ |
| 音程 | 0 | 2.04 | 3.86 | 4.98 | 7.02 | 8.84 | 10.88 | 12 |

【表 2–5】

　　命名音程時，也有人利用平均律的概念，把頻率比 1：2 的八度音依照比例平均分割成 1200 等份，將每一份命名為「分」(cent)，也就是說，Do 到高音 Do 的八度音程是 1200 分，因此平均律 Do 到 Sol 的完全五度就是 700 分，而純律的完全五度是 702 分。用「分」定義的音程，和我們這裡定義的音程，概念其實是一樣的，只是數值放大了100 倍。

　　利用比較簡單的整數比來制訂的純律音階，在和弦的搭配上，較能感受到音樂上的一致與和諧性，而運用平均律來分配頻率比值，在移調時極為方便容易，但是音頻的比例卻是無理數，就不如純律聽起來那麼完美，然而樂器若要使用純律來調音，移調卻有其困難，平均律和純律兩種音階，各有優缺點。因為平均律是運用了等比例的數學方法來制訂音階，因此，也可以如法炮製，創造新式音階，例如，想要在音程為半音的兩個音符之間再塞入一個音，只要用平均分配頻率比例的方式，讓相鄰兩音頻率比例為 $2^{\frac{1}{24}}$ 即可，這種音階也可以稱為二十四平均律（一個八度內塞入 24 個等比例的音符）。

## 第三章
## 有系統的製造音階

　　無論是在鋼琴白鍵上接序爬升的 Do、Re、Mi、Fa、Sol、La、Si 的大調音階，或是再加上黑鍵升 Do、升 Re、升 Fa、升 Sol、升 La 的 12 音階（或稱半音音階，the chromatic scale），在現今全球化的時代，透過五線譜，各國作曲家在創作時，已經普遍的在使用，這樣不但便於記錄，當樂譜傳遞給其他音樂家或歌手時，也可以很清楚直接的接收到音樂的訊息。然而在更早之前，文化、交通還沒那麼發達的時代，在許多民族，包括世界各地屬於小眾的原住民族裡，創作的樂曲，常使用的是更為簡單的五聲音階 (the pentatonic scale)。

　　顧名思義，五聲音階指的是只用五個音構成的音階，也就是說，用五聲音階編曲時，只使用五個音以及它們各自升高或降低幾個八度的音。

　　舉例來說，耳熟能詳的中國民謠〈茉莉花〉，就是用五聲音階譜的曲。

## 茉莉花

好 一朵 美 麗的 茉莉 花，好 一朵 美 麗的 茉莉 花，

芬 芳 美 麗 滿枝 椏， 又 香 又 白 人 人 誇，

讓 我 來 將 你 摘 下， 送 給 別 人 家，茉莉

花 呀 茉 莉 花。

【圖 3-1】

在這裡，用到的五個音是 Do、Re、Mi、Sol、La，也包括低八度的 Sol、低八度的 La 以及高八度的 Do，如【圖 3-2】

Sol　La　Do　Re　Mi　Sol　La　Do

【圖 3-2】

其他的例子，例如蘇格蘭民謠 Auld Lang Syne，就是以往在畢業季常聽到的〈驪歌〉（又稱〈友誼萬歲〉），或是最早從英國傳唱，直到現在全世界基督徒都能朗朗上口的〈奇異恩典〉(Amazing Grace)，又或是日本的兒歌〈桃太郎〉（ももたろう）等，都是不同地域不同民族，而只利用五聲音階譜曲的歌謠。

在中國的歷史中，早在周朝以前就有「五聲」的記載。《禮記・禮運篇》裡有一段這麼寫道：

> 五行之動，迭相竭也，五行、四時、十二月，還相為本也；
> 五聲、六律、十二管，還相為宮也；五味、六和、十二食，
> 還相為質也；五色、六章、十二衣，還相為質也。故人者，
> 天地之心也，五行之端也，食味別聲被色而生者也。

孔子說明人性，都指向「禮」，五行、五聲、五味、五色，都應相互配合。這裡提到的五聲，指的就是「宮、商、角、徵、羽」五聲音階。

而中國古代最早出現關於製作樂律音階的記載，則出自大約於戰國時代的管仲（或他的門徒）所撰寫的《管子・地員篇》。〈地員篇〉其實主要不是談音階的制訂，而是記錄土壤、地利、水質的特性以及使用在種植作物的方式，古代文官似乎特別喜好以感官的感受程度來比擬日常生活或禮俗的規範，《管子・地員篇》也是如此，這篇文章一開始即以宮、商、角、徵、羽五聲當作地下水深度的「呼音」：

> 夫管仲之匡天下也，其施七尺。
> ……見是土也，命之曰五施，五七三十五尺，而至於泉，
> 呼音中角，其水倉，其民疆。
> ……見是土也，命之曰四施，四七二十八尺，而至於泉，
> 呼音中商，其水白而甘，其民壽。
> ……見是土也，命之曰三施，三七二十一尺，而至於泉。
> 呼音中宮，其泉黃而糗，流徙。

　　　　……見是土也，命之曰再施，二七十四尺，而至於泉，
　呼音中羽。其泉鹹，水流徙。
　　　　……見是土也，命之曰一施，七尺而至於泉，呼音中徵，
　其水黑而苦。

這段文字的意思是：

　　管仲治理天下時，規定土地深度七尺為一施。而土地如果分別在深 35 尺、28 尺、21 尺、14 尺和 7 尺的時候能接觸到地底下的泉水，就分別把它們稱為五施、四施、三施、再施和一施之土。五施之土與地下的泉水相接時的呼音為「角」，水質呈青色，居住在這裡的百姓必能身強體壯；四施之土與地下的泉水相接時的呼音為「商」，水質呈白色且甘甜，居住在這裡的人民一定會很長壽；三施之土與地下的泉水相接時的呼音為「宮」，水黃而臭，而且容易流失；再施之土與地下的泉水相接時的呼音為「羽」，這裡的水鹹且亦易流失；一施之土與地下的泉水相接時的呼音為「徵」，這裡的水黑而苦。

　　接下來，有趣的地方來了，〈地員篇〉接著描述宮、商、角、徵、羽五聲聽起來的感覺，以及如何丈量竹管長度來製作五聲音階的樂器：

　　　　凡聽徵如負豬豕，覺而駭。凡聽羽如鳴馬在野，凡聽宮
　如牛鳴窌（念ㄐㄧㄠˋ，地窖的音思）中，凡聽商如離群羊，
　凡聽角如雉登木以鳴，音疾以清。
　　　　凡將起五音，凡首，先主一而三之，四開以合九九；以
　是生黃鐘小素之首，以成宮。三分而益之以一，為百有八，
　為徵。不無有三分而去其乘，適足，以是生商。有三分而復
　於其所，以是成羽。有三分去其乘，適足，以是成角。

意思是：

「徵」聲，有如大豬發現牠的小豬被背走時驚駭大叫的聲音。而「羽」聲，有如荒野馬鳴的聲音。「宮」聲，有如在地窖中牛隻的叫聲。「商」聲，則有如離群之羊呼叫的聲音。「角」聲，則如雉雞登上枝頭鳴唱，疾快清亮的聲音。

而要制作五聲音階，可先度量一根管（或弦）的長度，重複將長度作三等分的動作四次,可把這根管的長度分割成九九八十一個單位。以這根管長所產生出黃鐘小素的首音，稱為「宮」音。再將這有八十一單位長的管，增加其三分之一的長度，得到長為一百零八單位的管長（$81 + \dfrac{81}{3} = 108$），吹奏此管發出來的音即為「徵」音。再將這一百零八單位長的管截去三分之一，得到七十二單位長的管（$108 - \dfrac{108}{3} = 72$），其音為「商」音。將七十二單位長的管三等分之，再加回原長，得九十六單位長的管（$72 + \dfrac{72}{3} = 96$），生成的音為「羽」音。再去掉九十六單位管長的三分之一，正好得到六十四單位長的管（$96 - \dfrac{96}{3} = 64$），生成的音為「角」音。

五聲音階的制定，利用的就是依序加減原管長三分之一的「三分損益法」。

也就是說，用五根長度分別為 81、108、72、96、64 單位長的管或弦，吹管或撥弦，發出的聲音就會分別是宮、徵、商、羽、角五聲。

如果對著一個中間沒有開孔的竹管吹氣,若竹管兩邊都是開口（稱為開管，如【圖 3–3】的左圖），那麼管長相當於半個波長，若竹管只有一側是開口，另外一側是封閉的（稱為閉管，如【圖 3–3】的右圖），則管長相當於是四分之三個波長。不管是開管還是閉管，管愈

長，波長也會愈長，而波長又與頻率成反比，所以管愈長，吹奏出來的聲音愈低，管愈短，吹奏出來的聲音也愈高。

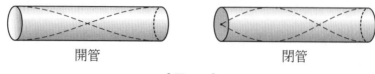

開管　　　　　　　　　　　　閉管

【圖3-3】

　　如果我們拿竹管利用三分損益法來製造吹奏的樂器，依照《管子・地員篇》描述的方式，製造出管長比為 81 : 72 : 64 : 108 : 96 的竹管，就可以吹出宮、商、角、徵、羽五音，頻率比為管長的倒數比，即

$$\frac{1}{81} : \frac{1}{72} : \frac{1}{64} : \frac{1}{108} : \frac{1}{96} = 1 : \frac{9}{8} : \frac{81}{64} : \frac{3}{4} : \frac{27}{32}$$

若以宮音（第一個音）為一個八度裡的首音，由上面的頻率比例可以看到後兩個音徵音和羽音的頻率是比宮音還低的音，要拉到以宮音為首音的八度裡面，只要把頻率拉高成原來的兩倍即可，也就是把宮、商、角、徵、羽五聲的頻率比改成 $1 : \frac{9}{8} : \frac{81}{64} : \frac{3}{2} : \frac{27}{16}$。

　　若是計算宮、商、角、徵、羽五聲和「宮音」的音程，也就是將頻率比值代入 $\log_{2^{\frac{1}{12}}} x$，可以得到如【表3-1】的音程，對照一下以平均律規範的音程（就是在第二章中，用數字計算音程差距，音程加1就是拉高一個半音），所以若把「宮」當成 Do，「商」的音程大約比宮音高兩個半音，大約是 Re，「角」大約比宮音高 4 個半音，大約是 Mi 的音，「徵」大約比宮音高 7 個半音，大約是 Sol 的音，「羽」大約比宮音高 9 個半音，大約是 La 的音。所以「宮、商、角、徵、羽」大約對應到「Do、Re、Mi、Sol、La」的音。

| 五聲 | 宮 | 商 | 角 | 徵 | 羽 |
|------|------|------|------|------|------|
| 音程 | 0 | 2.04 | 4.08 | 7.02 | 9.06 |

【表 3-1】

　　「宮」音當然也不一定要放在 Do 的位置，如果把宮音放在鋼琴上「升 Fa」的這個黑鍵上，另外的商、角、徵、羽四個音，也恰好會在升 Sol、升 La、升 Do、升 Re 的黑鍵上面。去鋼琴前試試看，光光只是在鋼琴黑鍵爬上爬下，有時候也會譜出充滿中國古調風格的音樂。

【圖 3-4】

　　例如【圖 3-5】是一首耳熟能詳的耶誕歌曲〈裝飾廳堂〉(Deck the Halls)，如果把 Fa、Si 這兩個原本不出現在五聲音階裡的音符，往上或往下挪到其他的音，使得所有的音都在五聲音階裡，當然可以把整首曲子移調到鋼琴黑鍵上演奏，就能改編成像【圖 3-6】，聽起來就會比較有「中國風」的版本。

裝飾廳堂

【圖 3–5】

黑鍵版－裝飾廳堂

【圖 3–6】

我們再來看看和管仲大約同時期的西方。

在歐洲地中海旁的國度，是畢達哥拉斯的年代，我們提過，他利用弦長的比例，經由實驗得到一個滿足畢氏學派精神的結論：和諧的音頻必須是由簡單的整數比所組成。其中頻率比 1：2 的兩音呈現天衣

無縫的八度，也就是聽起來僅是不同高低但卻是相同的兩音。而頻率
比 2：3 的兩個音，則是完全五度，大概是 Do 到 Sol，或是 Fa 到高音
Do 的音程，這兩個音也是幾乎無違和的搭配。因此，畢達哥拉斯就利
用頻率比 1：2 和 2：3 的完全八度和完全五度來構造所謂的「畢氏音
階」。

　　畢氏音階的構造方法，稱為「五度音生成法」。簡單來說，就是從
一個基礎音開始，往上生出基礎音頻率 $\frac{3}{2}$ 倍的第二個音，再從這第
二音，往上生出比它的頻率高 $\frac{3}{2}$ 倍的第三個音，然後，再往上找比
第三音頻率高 $\frac{3}{2}$ 倍的音，不斷的不斷的這樣做下去，因為頻率拉高
$\frac{3}{2}$ 倍即為拉高五度音，所以這個由基礎音往上生成一個五度音，然後
比基礎音高五度再五度的音、比基礎音高五度再五度再五度的音、比
基礎音高五度再五度再五度再五度的音、……的方法，就是「五度音
生成法」。

　　這裡有個小小細節要注意，五度再五度不是十度，而只有九度，
五度再五度再五度也不是十五度，而是十三度，這個「度」為什麼不
能直接相加呢？我們先來看看「度」的定義。

　　如果在路邊有一排行道樹，將第一棵樹命名為 Do，第二棵樹叫
Re，第三棵叫 Mi，第四棵叫 Fa，第五棵叫 Sol，以此類推。從第一棵
樹開始數到第五棵樹，總共數了 5 棵樹，就把它們的音程稱為「五
度」，但是第一棵樹 Do 到第五棵樹 Sol 的距離（音程）實際上卻只有
四個「間隔」。從某一棵樹開始數，共數了 $n$ 棵樹，那麼包含頭尾兩
棵樹之間樹木的總數就稱為 $n$ 度，但實際上只有 $n-1$ 個間隔。例如
第五棵樹 Sol 開始，數到第九棵樹「高音 Re」，5、6、7、8、9 總共也

是數了 5 棵樹，所以 Sol 到高音 Re 的音程也是五度，但是第五棵樹到第九棵樹也是四個間隔的距離。而第一棵樹 Do 到第九棵樹的高音 Re，音程是 1 數到 5，5 再數到 9 的「五度再五度」，結果卻是「九度」（1 數到 9）。這就是為什麼「五度再五度」不是十度，而只有九度的原因。

用「度」來表示音程的名稱，還有冠上「大」、「小」和「完全」或「增」、「減」的差別，例如大三度、小三度、完全五度等，這個細節稍後在下一章再談。

話說畢達哥拉斯反覆使用頻率比 2：3 的五度音不斷的往上增高產生新的音，若用取對數計算音程的算法，所得到的音程差距約為 7.02，大約是增加 7 個半音。

若把鋼琴上的鍵盤當成階梯，往上一個半音相當於爬上一階，一個八度當成一層樓，那麼從 Do 開始往上爬五度，就相當於一次跨了 7 階。從一樓的 Do 往上五度就是 Sol，再往上五度就會到二樓的 Re，再來是二樓的 La，到三樓的 Mi，三樓的 Si，再來是四樓的升 Fa，……。

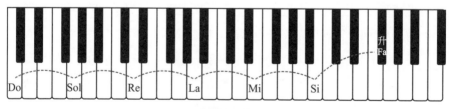

【圖 3-7】

這樣生成的音其實還蠻快的就會爬到高樓層，升到非常尖銳的高音，因此我們可以做「mod octave」的動作，這個意思是指：利用「八度音程的頻率比為 1：2」的關係，把超過八度的音頻一直除以 2（或

乘以 2），直到收回到與第一個音同一層的八度內。這樣一來，音不變，但是都回到同一個八度了。例如原本二樓的 Re 頻率是一樓的 Do 頻率的 $\frac{3}{2} \times \frac{3}{2} = \frac{9}{4}$ 倍，再把 $\frac{9}{4}$ 除以 2，得到 $\frac{9}{8}$，就回到一樓 Re 的頻率。再例如三樓的 Mi，原本的頻率是一樓 Do 的 $\frac{3}{2} \times \frac{3}{2} \times \frac{3}{2} \times \frac{3}{2} = \frac{81}{16}$ 倍，$\frac{81}{16}$ 除以 2 回到二樓的 Mi，再除以 2 就回到一樓的 Mi，所以一樓 Mi 的頻率是一樓 Do 的 $\frac{81}{16} \div 2 \div 2 = \frac{81}{64}$ 倍。

「mod octave」在頻率的作用上是乘以或除以 2 的冪次，把頻率的比例取了對數之後，在音程上「mod octave」的作用則變成加或減 12 的倍數。

增加五度會讓音程的值「加 7.02」，而收回一個八度會讓音程的值「減 12」，也就是說，利用「五度音生成法」和「mod octave」的動作時，得到的音和第一個音的音程關係會是：

第一個音：設定為 Do，與自己的音程當然為 0（音程是兩音的差距，自己看自己當然沒有差距）。

第二個音：與 Do 的音程增加 7.02，大約是 Sol 的音。

第三個音：與 Do 的音程為 7.02 + 7.02 = 14.04，超過一個八度了，再減 12，與 Do 的音程為 2.04，大約是 Re 的音。

第四個音：與 Do 的音程為三個 7.02，值為 21.06，超過一個八度，再減 12，與 Do 的音程為 9.06，大約是 La 的音。

第五個音：與 Do 的音程為四個 7.02，值為 28.08，超過兩個八度，再減兩個 12，與 Do 的音程為 4.08，大約是 Mi 的音。

先看這五個音，可以發現使用五度音生成法和 mod octave 的動作後，

重新排序，大致上對應的音與音程如【表3-2】。這五個音：Do、Re、Mi、Sol、La，有沒有很熟悉的感覺？對呀！就是宮、商、角、徵、羽的五聲音階啊！

| 畢氏音階 | Do | Re | Mi | Sol | La |
|---|---|---|---|---|---|
| 音程 | 0 | 2.04 | 4.08 | 7.02 | 9.06 |

【表3-2】

　　中國的五聲音階和西方的畢氏音階製造出來的音完全相同！管仲和畢達哥拉斯大約是相同年代的人物，當時的交通雖不那麼發達，但已有埃及人到中國從事貿易，又傳說畢達哥拉斯曾到過埃及遊學，因此確實有可能透過埃及商人，將中西音階串聯起來。而至於是誰先誰後，誰學誰的，中西方各說各話，就不在我們討論的範圍內了。但我們還是可以討論一下，三分損益法和五度音生成法，這兩種產生音階的方法，為什麼會生出相同音頻的音呢？

　　我們重新來看看三分損益法中，管長和頻率比的關係：因為「三分益一」指的是把竹管長度增加原來的三分之一，即為原本管長的三分之四，頻率會變成用原本竹管吹奏出來的音頻的四分之三，也就是新的音與原本音的音程為 $\log_{2^{\frac{1}{12}}}(\frac{3}{4}) \approx -4.98$，大約比原本的音低五個半音，如果拉高一個八度，頻率乘以 2，音程的數值要「加 12」，則拉高一個八度後與原本音的音程為 7.02。而「三分損一」的意思則是少掉原本管長的三分之一，所以新的管長會是原來的管長的三分之二，吹奏出來的音頻會是原來竹管吹奏出的音頻的二分之三，也就是新的

音與原本音的音程為 $\log_{2^{\frac{1}{12}}}(\frac{3}{2}) \approx 7.02$，大約比原本的音高七個半音。

所以，無論是將管長三分益一再升高一個八度，或將管長三分損一所生成新的音，我們都可以看成是把頻率拉高 $\frac{3}{2}$ 倍，音程增加約 7.02，這結果便和畢氏音階的五度音生成法相同了。

如果用三分損益法，不只生出宮、商、角、徵、羽五聲，而繼續生出其他音，會發生什麼事呢？若依照管長先益後損的順序，頻率會先損後益，因此與首音「宮」音的音程順序會是

$$0 \xrightarrow{-4.98} -4.98 \xrightarrow{+7.02} 2.04 \xrightarrow{-4.98} -2.94 \xrightarrow{+7.02} 4.08 \xrightarrow{-4.98} -0.90 \xrightarrow{+7.02} 6.12$$

前五個音分別是宮 → 徵 → 商 → 羽 → 角，最後多生出來的這兩個音，一個比宮音低 0.90 的音程，大約是低一個半音，稱為「變宮」，最後一個比拉高一個八度後的徵音（與宮音的音程為 $-4.98 + 12 = 7.02$）低 0.90，也是比徵音大約低一個半音，稱為「變徵」。

變宮和變徵分別代表哪兩個音？若是將宮音放在 Do 的位置，如前面幾段所述，宮、商、角、徵、羽分別代表 Do、Re、Mi、Sol、La 的音，而變徵和變宮只分別比徵音和宮音低約一個半音，所以分別代表「升 Fa／降 Sol」和「Si」的音。因此若在同一個八度裡排序，從宮音 (Do) 到高八度的宮音，大致上如【圖 3–8】。

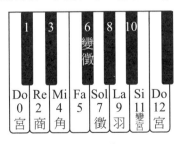

【圖 3–8】

我們可以觀察到，依照宮 (Do) → 商 (Re) → 角 (Mi) → 變徵 （升 Fa） → 徵 (Sol) → 羽 (La) → 變宮 (Si) → 宮 (Do) 的順序，相鄰兩音的音程會是全音、全音、全音、半音、全音、全音、半音。這樣子的音階，相對應的是西方教會調式裡的 Lydian 調式，此調式可以想成是從鋼琴鍵盤的 Fa 開始，一路往上只走白鍵的音階，也就是連續八個音裡，相鄰的七個音程依序會是全音、全音、全音、半音、全音、全音、半音。因此，若把宮音放在 Fa 的位置，那麼宮、商、角、變徵、徵、羽、變宮的位置就會全部在鋼琴的白鍵上。

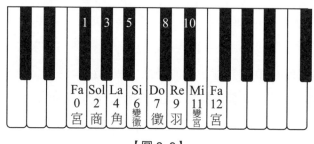

【圖 3–9】

如果覺得七個音的音階還不夠，想要在一個八度內用三分損益法繼續生成新的音，那麼又會如何？

在《史記》的〈律書第三〉裡也有記載到三分損益法，它是這麼說的：

> 生黃鐘術曰：以下生者，倍其實，三其法。以上生者，四其實，三其法。

就是說，長管要變短管時，分子加倍，分母乘以三。而短管要變成長

管時，分子要變成四倍，分母乘以三。不過，《史記》裡對管樂器的造法（管長）是先損後益，與《管子》的先益後損相反：

律數：九九八十一以為宮。三分去一，五十四以為徵。三分益一，七十二以為商。三分去一，四十八以為羽。三分益一，六十四以為角。

但我們也已經知道，無論三分損一或三分益一，新生成的音只是不同八度裡的同一音，倒也無傷於音階的造法。

而後，《史記》在同一段裡接著寫：

黃鐘長八寸七分一，宮。大呂長七寸五分三分。太蔟長七寸分二，角。夾鐘長六寸分三分一。姑洗長六寸分四，羽。仲呂長五寸九分三分二，徵。蕤賓長五寸六分三分。林鐘長五寸分四，角。夷則長五寸三分二，商。南呂長四寸分八，徵。無射長四寸四分三分二。應鐘長四寸二分三分二，羽。

它講的就是生成各音的管長，例如第一個音「黃鐘」的管長為八寸七分一（應為八寸十分一之誤）即為宮音，第二個音「大呂」的管長為七寸五分三分一，以此類推。這些長度，其實都大致上對應了「三分損益法」而後收回到與黃鐘（即宮調首音）同一個八度的各個音，實際上，「收回同一個八度」(mod octave) 的動作，在這裡的變動可以只看成將原本一損一益接續的動作，從「蕤賓」三分損一生成「大呂」時，改成三分益一，而後再一益一損接續進行即可。

黃鐘：管長 81，為首音，假設其對應到 Do

↓三分損一

林鐘：管長 54，是黃鐘頻率的 $\frac{3}{2}$ 倍，音程 7.02，約對應到 Sol

↓三分益一

太簇：管長 72，是黃鐘頻率的 $\frac{9}{8}$ 倍，音程 2.04，約對應到 Re

↓三分損一

南呂：管長 48，是黃鐘頻率的 $\frac{27}{16}$ 倍，音程 9.06，約對應到 La

↓三分益一

姑洗：管長 64，是黃鐘頻率的 $\frac{81}{64}$ 倍，音程 4.08，約對應到 Mi

↓三分損一

應鐘：管長 $42\frac{2}{3}$，是黃鐘頻率的 $\frac{243}{128}$ 倍，音程 11.10，約對應到 Si

↓三分益一

蕤賓：管長 $56\frac{8}{9}$，是黃鐘頻率的 $\frac{729}{512}$ 倍，音程 6.12，約對應到升 Fa

↓三分益一

大呂：管長 $75\frac{23}{27}$，是黃鐘頻率的 $\frac{2187}{2048}$ 倍，音程 1.14，約對應到升 Do

↓三分損一

夷則：管長 $50\frac{46}{81}$，是黃鐘頻率的 $\frac{6561}{4096}$ 倍，音程 8.16，約對應到升 Sol

↓三分益一

夾鐘：管長 $67\frac{106}{243}$，是黃鐘頻率的 $\frac{19683}{16384}$ 倍，音程 3.18，約對應到升 Re

↓三分損一

無射：管長 $44\frac{692}{729}$，是黃鐘頻率的 $\frac{59049}{32768}$ 倍，音程 10.20，約對應到升 La

↓三分益一

仲呂：管長 $59\frac{2039}{2187}$，是黃鐘頻率的 $\frac{177147}{131072}$ 倍，音程 5.22，約對應到 Fa

↓三分損一

清黃鐘：管長 $39\frac{6265}{6561}$，是黃鐘頻率的 $\frac{531441}{262144}$ 倍，音程 12.23，約對

應到高音 Do

　　若把它們重新排列，依照音階順序排列，即為相鄰半音的 12 音階，如【圖 3-10】。

【圖 3-10】

　　其實〈律書第三〉的「律」指的就是「律數」，講的就是世間萬物裡數與數的比例關係，以三分損益法製造音律為例，確實是個好例子。

　　利用三分損益製造五聲音階時，既然與五度音生成法產生的五聲音階一致，而且可以從數學原理上解釋，那麼產生十二音階時，五度音生成法產生的音階頻率的比例關係，也應該要相同才對，在下一章，我們將要仔細看看，利用五度音生成法，製造畢氏十二音階時的情況。

第四章
畢氏七音階與
畢氏十二音階

　　在一個八度內依序排列的 Do、Re、Mi、Fa、Sol、La、Si 七個音，我們簡稱為七音階，當然，習慣上會再加上與第一個 Do 恰好相差八度的第八個音 Do，讓這個音階聽起來有始有終。我們先來看畢氏音階裡，製造七音階的方法。

　　要利用五度音生成法生成七個音的畢氏音階，可以先找一個頻率不要太高的音為基準，它是第一個音，把它的音頻不斷的乘以 $\frac{3}{2}$ 倍，還有 $\frac{3}{2}$ 倍的 $\frac{3}{2}$ 倍、$\frac{3}{2}$ 倍的 $\frac{3}{2}$ 倍的 $\frac{3}{2}$ 倍、……，以此類推，直到產生出七個音為止，因此這些音的頻率分別會是第一個音的 $\frac{3}{2}$、$\frac{9}{4}$、$\frac{27}{8}$、$\frac{81}{16}$、$\frac{243}{32}$、$\frac{729}{64}$ 倍，因為接續生成的音頻都是前一個音的 $\frac{3}{2}$ 倍，將 $\frac{3}{2}$ 代入以 $2^{\frac{1}{12}}$ 為底的對數，即 $\log_{2^{\frac{1}{12}}} \frac{3}{2} \approx 7.02$，這一個值就是新生成的音與前一音的音程，音程是音高的差距，像身高一樣，用「差距」而非「比例」來比較，在後續的討論會感覺容易一點。因此從第一個音開始，大家都與第一音來比較，音程分別為

$$0 \xrightarrow{+7.02} 7.02 \xrightarrow{+7.02} 14.04 \xrightarrow{+7.02} 21.06 \xrightarrow{+7.02} 28.08 \xrightarrow{+7.02} 35.10 \xrightarrow{+7.02} 42.12$$

　　當然，自己與自己一樣高，所以我們把第一個音的音程寫成 0，而從第三個音之後的每個音，如果再作 mod octave 的動作，即把頻率適當的除以 2 的冪次，使得頻率不要超過第一個音的兩倍，或是用音程的說法，則是把音程適當的減去 12 的倍數，使得與第一個音的音程介於 0 到 12 之間，那麼上面這些利用五度音生成法製造的音，收回到與第一個音同樓層的八度裡，修正後的音頻分別會是第一個音的 $\frac{3}{2}$、$\frac{9}{8}$、$\frac{27}{16}$、$\frac{81}{64}$、$\frac{243}{128}$、$\frac{729}{512}$ 倍，若在最後面再放一個頻率恰好為第一音的 2 倍的八度音，然後依照頻率比例大小順序排列，會是

$$1 < \frac{9}{8} < \frac{81}{64} < \frac{729}{512} < \frac{3}{2} < \frac{27}{16} < \frac{243}{128} < 2$$

以音程來看，每個音與第一個音的音程，分別是

$$0 \xrightarrow{+2.04} 2.04 \xrightarrow{+2.04} 4.08 \xrightarrow{+2.04} 6.12 \xrightarrow{+0.90} 7.02 \xrightarrow{+2.04} 9.06 \xrightarrow{+2.04} 11.10 \xrightarrow{+0.90} 12$$

　　每升高五度，音程增加了 7.02，與第一音的差距仍小於一個八度（但是它在上面那一列的排序，已經排行第五囉！）。若是從第一個音開始，升高兩個五度，產生出來的音與第一個音的音程增加了 $7.02 + 7.02 = 14.04 > 12$，就超過一個八度了，所以 mod octave 收回到第一層樓時，14.04 減去 12，剩下音程為 2.04，大約就是相距一個全音（所以這一個音，排行老二）。總歸一句：做兩次五度音生成法再 mod octave，就會生出一個全音。

　　但是，但是，最重要的就是這個「但是」，我們上面的 8 個音，其實只做了 6 次的五度音生成法，最後一個音只是直接用第一個音的 2 倍頻率產生的。而從第一個音（老大）開始，往後增加三個全音（老二、老三、老四），就總共已經操作了 6 次的五度音生成法了：

$$0 \xrightarrow[\text{音生成法}]{\text{兩次五度}} 2.04 \xrightarrow[\text{音生成法}]{\text{兩次五度}} 4.08 \xrightarrow[\text{音生成法}]{\text{兩次五度}} 6.12 \xrightarrow{+0.90} 7.02 \rightarrow \cdots$$

　　然後，老五是誰？答對了，才剛提到的，就是從第一個音開始直接升高五度，音程增加 7.02 的那一個音，之後，再用兩次五度音生成法和 mod octave 往後產生一個全音，但這動作也只能做兩次（老六、老七），再來就要碰到最後一個音了（老八）：

$$0 \xrightarrow[\text{生成法}]{\text{五度音}} 7.02 \xrightarrow[\text{音生成法}]{\text{兩次五度}} 9.06 \xrightarrow[\text{音生成法}]{\text{兩次五度}} 11.10 \xrightarrow{+0.90} 12$$

　　把它們串聯起來，可以觀察到，這些相距不超過一個八度裡的音，依序排列時，相鄰的兩個音，只要是做兩次五度音生成法和 mod octave 的動作，音程就會是一個全音，相鄰兩音若不是利用兩次五度音生成法和 mod octave 產生的，音程就只有 0.90，大約是一個半音。這些音可以排列成

$$音_1 \xrightarrow{\text{全音}} 音_2 \xrightarrow{\text{全音}} 音_3 \xrightarrow{\text{全音}} 音_4 \xrightarrow{\text{半音}} 音_5 \xrightarrow{\text{全音}} 音_6 \xrightarrow{\text{全音}} 音_7 \xrightarrow{\text{半音}} 音_8$$

這裡的音$_1$、音$_2$、音$_3$、……的下標 1、2、3、……指的是各個音收回到與第一音同一層樓，再依照音高排序後的次序（也就是老大、老二、老三、……的順序）。

我們把它放在「時鐘」裡面看，把時鐘的 12 點當成 0 點，這個「時鐘」其實就是呈現 mod octave 之後的顯示器，1 點的位置，就是音程恰好為 1 的地方，2 點的位置，則恰好是音程為 2 的地方，以此類推，因此，如果把音₁當成是 Do，放在 0 點（12 點）的位置，那麼以平均律的規則得到的 Re，就會恰好在 2 點的位置，而我們這個音₂則是畢氏音階的 Re，它的音程約為 2.04，所以已經超過 2 點一些些了（大約是 2 點 2 分又 20 秒左右）。這個音₁也不一定要當成是 Do，我們稍後再作說明。

如果忽略那超出來的一點點幾分幾秒，作五度音生成法，時針旋轉大約 7 個整點的距離，從音₁（0 點或 12 點）開始升高五度時，時間的位置大概會跑到 7 點的位置（這個位置的音最後的排序會是音₅），再升高五度，相當於再加 7 個小時，在時鐘上的位置已經繞過一圈，跑到 2 點左右的位置了（它就是排行老二的音₂），以此類推。也就是說，每升高五度，相當於時間上加了 7 個小時，升高幾個五度，在時鐘上時針可能就會多繞個幾圈，而 mod octave 的動作，就是不管它繞幾圈，只在乎它停留在幾點，而這個停留的位置，就決定了這個音的排行。

所以在【圖 4–1】中，可以看到五度音生成法在時鐘上繞行的方式，從音₁先繞到音₅，再到音₂、音₆、音₃、音₇，直到音₄（由外圈繞到內圈只是為了看清楚移動的路徑，內外圈不是重點），大約是停留在 0 點、7 點、2 點、9 點、4 點、11 點和 6 點的地方，而音₈的製造方法只是把音₁的頻率乘以兩倍，也就是說音₈與音₁的音程恰好是 12，它在時鐘上的位置和音₁是相同的。

這個「時鐘」，也被稱為「五度圈」。

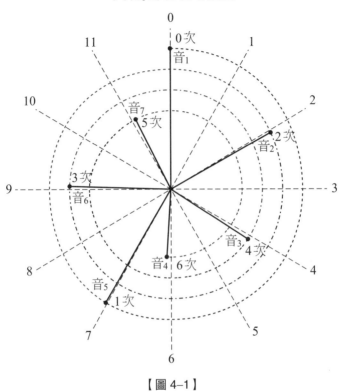

與音₁的音程（刻度）

　　如果把音₁當成 Do，把上面這串音階放到鋼琴鍵盤上，音₁到音₈的順序會是「Do→Re→Mi→ 升 Fa→Sol→La→Si→ 高音 Do」，如【圖 4–2】。

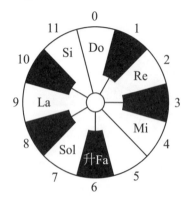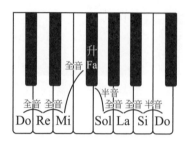

【圖 4–2】

　　如果把音₁當成 Fa，把這串音階放到鋼琴鍵盤上，音₁到音₈的順序會是「Fa→Sol→La→Si→Do→Re→Mi→ 高音 Fa」，如【圖 4–3】。

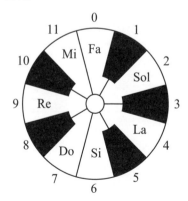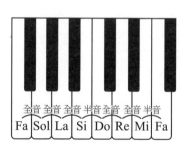

【圖 4–3】

可以發現這個音階走的全部都是白鍵！這種依照

「音 $\xrightarrow{\text{全音}}$ 音 $\xrightarrow{\text{全音}}$ 音 $\xrightarrow{\text{全音}}$ 音 $\xrightarrow{\text{半音}}$ 音 $\xrightarrow{\text{全音}}$ 音 $\xrightarrow{\text{全音}}$ 音 $\xrightarrow{\text{半音}}$ 音」

的音階結構形成的七音調式稱為 Lydian 調式，Lydian 是希臘的教會調

式之一，順便說一下，其他的音階調式還有：

Ionian 調式：我們習慣的 Do → Re → Mi → Fa → Sol → La →

Si → Do 就是這個調式，其音階結構為

音 $\xrightarrow{\text{全音}}$ 音 $\xrightarrow{\text{全音}}$ 音 $\xrightarrow{\text{半音}}$ 音 $\xrightarrow{\text{全音}}$ 音 $\xrightarrow{\text{全音}}$ 音

$\xrightarrow{\text{全音}}$ 音 $\xrightarrow{\text{半音}}$ 音；

Dorian 調式：如果從 Re 開始，一路走鋼琴上的白鍵，就是

Dorian 調式，其音階結構為

音 $\xrightarrow{\text{全音}}$ 音 $\xrightarrow{\text{半音}}$ 音 $\xrightarrow{\text{全音}}$ 音 $\xrightarrow{\text{全音}}$ 音 $\xrightarrow{\text{全音}}$ 音

$\xrightarrow{\text{半音}}$ 音 $\xrightarrow{\text{全音}}$ 音；

Phrygian 調式：如果從 Mi 開始，一路走鋼琴上的白鍵，就是

Phrygian 調式，其音階結構為

音 $\xrightarrow{\text{半音}}$ 音 $\xrightarrow{\text{全音}}$ 音 $\xrightarrow{\text{全音}}$ 音 $\xrightarrow{\text{全音}}$ 音 $\xrightarrow{\text{半音}}$ 音

$\xrightarrow{\text{全音}}$ 音 $\xrightarrow{\text{全音}}$ 音；

Myxolydian 調式：如果從 Sol 開始，一路走鋼琴上的白鍵，就是

Myxolydian 調式，其音階結構為

音 $\xrightarrow{\text{全音}}$ 音 $\xrightarrow{\text{全音}}$ 音 $\xrightarrow{\text{半音}}$ 音 $\xrightarrow{\text{全音}}$ 音

$\xrightarrow{\text{全音}}$ 音 $\xrightarrow{\text{半音}}$ 音 $\xrightarrow{\text{全音}}$ 音；

Aeolian 調式：如果從 La 開始 ， 一路走鋼琴上的白鍵 ， 就是
Aeolian 調式，其音階結構為

$$音 \xrightarrow{\text{全音}} 音 \xrightarrow{\text{半音}} 音 \xrightarrow{\text{全音}} 音 \xrightarrow{\text{全音}} 音 \xrightarrow{\text{半音}} 音$$

$$\xrightarrow{\text{全音}} 音 \xrightarrow{\text{全音}} 音 ;$$

Locrian 調式：如果從 Si 開始 ， 一路走鋼琴上的白鍵 ， 就是
Locrian 調式，其音階結構為

$$音 \xrightarrow{\text{半音}} 音 \xrightarrow{\text{全音}} 音 \xrightarrow{\text{全音}} 音 \xrightarrow{\text{半音}} 音 \xrightarrow{\text{全音}} 音$$

$$\xrightarrow{\text{全音}} 音 \xrightarrow{\text{全音}} 音 。$$

無論是中國五聲音階的宮、商、角、徵、羽再加入變宮、變徵的中國七音音階，或是生成七個音的畢氏大調音階，歸類在 Lydian 調式都是比較恰當的作法。

用五度音生成法再 mod octave 之後重新排序的音階，把音通通標上次序：

$$音_1 \xrightarrow{\text{全音}} 音_2 \xrightarrow{\text{全音}} 音_3 \xrightarrow{\text{全音}} 音_4 \xrightarrow{\text{半音}} 音_5 \xrightarrow{\text{全音}} 音_6 \xrightarrow{\text{全音}} 音_7 \xrightarrow{\text{半音}} 音_8$$

本章前面一直提到的，相鄰兩音若音程為全音，實際上是做了兩次的「五度音生成法」（和 mod octave 的動作 ， 但接下來我們先不考慮它），而由第一音「音$_1$」（現在我們可以把它想成是 Fa）只做一次的五度音生成法會直接到第五音 「音$_5$」（可以想成是比 Fa 高五度的 Do）。如果我們現在考慮每一個音，數數看它們各別是從第一音開始做了幾次五度音生成法，結果會是

$$音_1 \xrightarrow{(0次)} 音_2 \xrightarrow{(2次)} 音_3 \xrightarrow{(4次)} 音_4 \xrightarrow{(6次)} 音_5 \xrightarrow{(1次)} 音_6 \xrightarrow{(3次)} 音_7 \xrightarrow{(5次)} 音_8 \xrightarrow{(0次)} 音_9 \xrightarrow{(2次)} \cdots$$

這裡的音$_8$只是由音$_1$頻率的 2 倍所生成的 ， 沒有真的涉入五度音生成

法的結構中，所以它的角色可以看成第二層的音$_7$，音$_9$則是第二層裡的第二個音，可以想成從音$_8$作兩次五度音生成法，所以上標只寫（2次），以此類推。

OK，為什麼要講這個？因為音程的「命名」，可以從這裡看見端倪。上面這段音階序列，每兩個音跨過了幾個音，包含頭尾，就是幾度。例如說，音$_1$到音$_3$，含頭尾跨了「音$_1$、音$_2$、音$_3$」共三個音，所以是三度，而音$_3$到音$_5$，含頭尾跨了「音$_3$、音$_4$、音$_5$」，也是三個音，所以也是三度。不過這兩個三度不太一樣，前者音$_1$到音$_3$的三度音程，總共做了 4 次的五度音生成法，而後者音$_3$到音$_5$的三度音程，卻不是直接從音$_3$反覆作五度音生成法就能抵達音$_5$的，音$_3$是從音$_1$作 4 次五度音生成法和 mod octave 的動作所產生，而音$_5$是從音$_1$直接作一次五度音生成法就跑出來，所以音$_3$到音$_5$的三度，拐了一個彎，都扯到了音$_1$。因此這兩種三度是不一樣的三度，前面這個音$_1$到音$_3$的三度，稱為「大三度」，而後面音$_3$到音$_5$的三度，稱為「小三度」。

因為「度」的名稱，是根據大調音階訂定的，也就是說，在頻率比 1:2 的八度以內，只有二度、三度、四度、五度、六度及七度（一度指的是同一個音，就不考慮它了）。而實際上，除了完全八度、完全五度、大三度、小三度的完全 (perfect)、大 (major)、小 (minor) 之外，還有增 (augmented) 和減 (diminished)，例如減五度、增四度等。

我們特別關注從第一個音利用「幾次」五度音生成法生成到某一個音，關鍵在第 $m$ 音「音$_m^{(i次)}$」到第 $n$ 音「音$_n^{(j次)}$」的（$i$ 次）到（$j$ 次），如果 $i$ 到 $j$ 的數字是變大的，那麼音程的名稱就冠上「大」或「增」的頭銜，反之，若 $i$ 到 $j$ 數字是減少的，那麼音程的名稱就冠上「小」或「減」的稱號。例如前面的例子音$_1^{(0次)}$到音$_3^{(4次)}$，（0 次）

到（4 次）數字是變大的，所以它們的音程是「大」三度，而音$_3^{(4\text{次})}$到
音$_5^{(1\text{次})}$，（4 次）到（1 次）數字變小，所以它是「小」三度。

【圖 4–4】

那麼到底哪些度是用「大」、「小」？哪些度用「增」、「減」？誰又
用「完全」呢？基本上，只做一個簡單動作而不需動用到 mod octave
就能辦得到的音程用「完全」，例如做一次五度音生成法就能搞定的
「完全五度」，或是直接將頻率乘以 2 的「完全八度」，還有一個「完
全四度」，它其實只是五度音到八度音之間的距離。

【圖 4–5】

完全五度是 $(i$ 次$)\xrightarrow{+1\text{次}}(j$ 次$)$，完全四度是 $(i$ 次$)\xrightarrow{-1\text{次}}$ $(j$ 次$)$，而其他變化的四度和五度，就用「增」和「減」來命名，例如音$_4^{(6\text{次})}$到音$_8^{(0\text{次})}$，從 4 數到 8，「4、5、6、7、8」跨了五個音，所以是五度，但是 $(6$ 次$)\xrightarrow{-6\text{次}}(0$ 次$)$，次數減少了，所以是「減」五度。又如音$_1^{(0\text{次})}$到音$_4^{(6\text{次})}$，從 1 數到 4，含頭尾跨了 4 個音，所以是四度，但是 $(0$ 次$)\xrightarrow{+6\text{次}}(6$ 次$)$，次數增加了，所以是「增」四度。可以特別注意到，「完全五度」的 +1 次到「減五度」的 −6 次，是少了 7 次，與「完全四度」的 −1 次到「增四度」的 +6 次，是多了 7 次，也就是說，從「完全」到「增」，可以想成是多做了 7 次五度音生成法（和適當的 mod octave 的動作），「完全」到「減」，則是少做了 7 次五度音生成法（和適當的 mod octave 的動作）。

$$\text{減} \xleftarrow[\text{適當的 mod octave}]{\text{少 7 次五度音生成法}} \text{完全} \xrightarrow[\text{適當的 mod octave}]{\text{多 7 次五度音生成法}} \text{增}$$

大、小也是類似的，它們是用在「完全四、五、八度」以外的其他的度數，如二度、三度、六度和七度。例如前面大三度和小三度的例子。同樣可以注意到的是，「大」三度和「小」三度，也是差了 7 次的五度音生成法，例如音$_1^{(0\text{次})}$到音$_3^{(4\text{次})}$的大三度是 $(0$ 次$)\xrightarrow{+4\text{次}}(4$ 次$)$，音$_3^{(4\text{次})}$到音$_5^{(1\text{次})}$的小三度是 $(4$ 次$)\xrightarrow{-3\text{次}}(1$ 次$)$，兩者分別的 +4 次和 −3 次，可以看作是相差了 7 次五度音生成法。

$$\text{小} \xleftarrow[\text{適當的 mod octave}]{\text{相差 7 次五度音生成法}} \text{大}$$

我們把（$i$ 次）到（$j$ 次）的差距 $j-i$ 列出來，可以整理成【表4-1】。

| $j-i$ | $-2$ | $-4$ | $-6$ | $-1$ | $-3$ | $-5$ | $0$ | $+2$ | $+4$ | $+6$ | $+1$ | $+3$ | $+5$ |
|---|---|---|---|---|---|---|---|---|---|---|---|---|---|
| 名稱 | 小七度 | 小六度 | 減五度 | 完全四度 | 小三度 | 小二度 | 一度 | 大二度 | 大三度 | 增四度 | 完全五度 | 大六度 | 大七度 |

【表4-1】

「相差 7 次的五度音生成法」和「適當的 mod octave」，仔細計算一下，它的頻率比值是 $(\frac{3}{2})^7 \cdot 2^{-4} = \frac{2187}{2048}$，換算成音程大約是 1.14 左右，差不多比一個半音大一點點，也就是說，大三度和小三度，大概差一個半音，完全五度和減五度，也差一個半音，完全四度和增四度，也是差一個半音。

這一個 1.14 約略一個半音的音程，有個名稱，叫作「aptome」，它和音$_4$ $\xrightarrow{\text{半音}}$ 音$_5$ 與音$_7$ $\xrightarrow{\text{半音}}$ 音$_8$的半音不同，這種半音的音程約為 0.90，它也有個名稱，叫作「limma」，我們姑且分別稱它們為「畢氏大半音」和「畢氏小半音」，或省略畢氏二字，直接叫「大半音」和「小半音」。若把大半音的音程和小半音的音程加起來，它們的距離為 2.04，恰好就是作兩次五度音生成法，再 mod octave 後得到的全音。

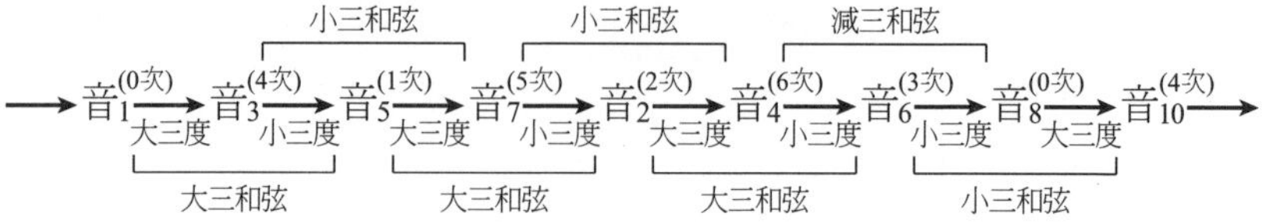

【圖4-6】

【圖 4-6】 是相距三度音程形成的音階，它的順序有如…
$\to$ Fa $\to$ La $\to$ Do $\to$ Mi $\to$ Sol $\to$ Si $\to$ Re $\to$ Fa $\to$ La $\to$ … ，我們可以
發現，大三度後面一定是接著小三度，如果有一個三個音的和弦，它
第一個音與第二個音的音程是大三度，第二個音與第三個音的音程是
小三度，那麼它就稱為「大三和弦」，例如：Fa – La – Do、Do – Mi –
Sol、Sol – Si – Re；如果反過來，第一個音與第二個音的音程是小三
度，第二個音與第三個音的音程是大三度，那它就是「小三和弦」，例
如：La – Do – Mi、Mi – Sol – Si、Re – Fa – La，除了大三和弦與小三
和弦之外，在這一串音階中，還有音$_4^{(6\text{次})}$ $\xrightarrow{\text{小三度}}$ 音$_6^{(3\text{次})}$ $\xrightarrow{\text{小三度}}$
音$_8^{(0\text{次})}$這種三和弦，它們相鄰兩音的音程都是小三度，像是 Si – Re –
Fa，它稱為減三和弦。

　　三個接續的大三和弦的根音分別相差五度，也就是上標寫著的（0
次）、（1 次）、（2 次），在大調音階裡，分別稱為下屬音
(subdominant)、主音 (tonic) 及屬音 (dominant)，一般來說，都是以「主
音」命名大調的名稱，也就是說，如果主音（也就是音$^{(1\text{次})}$）是 Do（音
名為 C）的音，則順序為音$^{(1\text{次})}$ $\to$ 音$^{(3\text{次})}$ $\to$ 音$^{(5\text{次})}$ $\to$ 音$^{(0\text{次})}$ $\to$ 音$^{(2\text{次})}$ $\to$
音$^{(4\text{次})}$ $\to$ 音$^{(6\text{次})}$（例如：C $\to$ D $\to$ E $\to$ F $\to$ G $\to$ A $\to$ B）的音階就稱為
C 大調音階。

　　同樣的，三個小三和弦的根音也是分別相差五度，上標寫的是（3
次）、（4 次）、（5 次），在小調音階裡，同樣分別稱為下屬音、主音及
屬音，而且也是以「主音」命名小調音階，例如主音音$^{(4\text{次})}$是 La（音
名為 A）的音，則順序為音$^{(4\text{次})}$ $\to$ 音$^{(6\text{次})}$ $\to$ 音$^{(1\text{次})}$ $\to$ 音$^{(3\text{次})}$ $\to$ 音$^{(5\text{次})}$
$\to$ 音$^{(0\text{次})}$ $\to$ 音$^{(2\text{次})}$（例如：A $\to$ B $\to$ C $\to$ D $\to$ E $\to$ F $\to$ G）的音階就

稱為 A 小調音階。一般來說，是以音程的順序來區分大、小調音階，像上述的大調音階的音程，依序是全音，全音，半音，全音，全音，全音，半音，小調音階的音程順序是全音，半音，全音，全音，半音，全音，全音。在像鋼琴這種以平均律製定的半音音階的樂器中，只要依循上面的音程順序，都可以任意移調。

　　按照以上的三度音程排序來命名的大、小調，稱為關係調 (relative)，例如 C 大調的關係小調就是 A 小調，A 小調的關係大調則為 C 大調。如果是以同一個音當主音的大小調關係，則稱為平行調 (parallel)，例如 C 大調的平行小調是 C 小調，C 小調的平行大調是 C 大調。

　　音程順序是全音，半音，全音，全音，半音，全音，全音的小調音階，稱為自然小音階 (natural minor scale)，例如 C 大調的 Si，它與下一個八度的 Do 只差一個半音，因此在曲子中，Si 的出現在樂句裡有「亟待解決」的感覺，想要趕快接到第八音 Do，而自然小音階的最後一個音程，卻是全音，所以若希望讓它也有類似大調的感覺，則會將第七個音往上提一個半音，使得最後的一個音程變成半音，因此而產生的音階則稱為和聲小音階 (harmonic minor scale)。但是這會使第六音與第七音的音程比全音再大一些，即增二度，大約是三個半音，所以音階在上行時（也就是聲音依序往高音的方向走），聽起來的弦律又顯得不自然，而且唱歌或哼旋律時，也很少或很難唱到增二度的音，因此也會把第六音也一起往上提一個半音，使得第五、第六音的音程變成全音，但是在下行時第八音並不需要有趕快接到第七音的感覺，所以下行時又把第六音與第七音還原回來（如同自然小音階），這樣的音階就稱為曲調小音階或旋律小音階 (melodic minor scale)。

　　和聲小音階裡，由於第六音往上增二度音程才會到第七音，在用
五度音生成畢氏大調音階的過程中，這個音並不存在，因此必需再繼
續操作五度音生成法，直到產生出畢氏的半音音階，但如同畢氏大調
音階一樣，它不會「均分」一整個八度，我們還是可以用平均律規範
的音程定義來看畢氏半音音階的音程。

## 畢氏半音音階

　　在第三章末所提到的「清黃鐘」，它大約比「黃鐘」高一個八度，
但是清黃鐘的頻率實際上是黃鐘頻率的 $\dfrac{531441}{262144}$ 倍，比真正的八度（頻

率為黃鐘的 2 倍）　略高 $\dfrac{\frac{531441}{262144}}{2} \approx 1.0136$ 倍，　它的音程即為大半音

aptome 和小半音 limma 的差：

$$\log_{2^{\frac{1}{12}}}\left(\frac{\frac{531441}{262144}}{2}\right) \approx 0.2346$$

這個音程，稱為畢氏音差 (Pythagorean comma)。我們在第六章討論到
純律音階與畢氏音階的關係時，會再碰到畢氏音差。

　　除了上面這種 7 個音的大調音階以外，如果不只用五度音生成法
生成七個音，我們一直一直往後生成，反正作了 mod octave 的動作之
後，不管生出來幾個音，通通都可以收回到與第一個音的距離在八度
以內。既然鋼琴上一個八度有 12 個鍵盤，那我們試著生成 12 個音吧。

　　還是借用「時鐘」來思考，作一次五度音生成法，在時鐘盤面上
大約走了 7 個小時的距離，就拿起牆上的時鐘動手轉動時針吧！（有指
針的手錶也可以！）從 0（12 點）的位置開始，每次走 7 格，依序會
停留在 0→7→2→9→4→11→6→1→8→3→10→5→0，　如果只在意它

們的位置，那它們剛好就會是 0、1、2、…、11 的所有整數，也就是說，每次轉動，停留的位置恰好會是在所有整點的時刻（實際上當然有誤差，畢竟它是畢氏音階，不是平均律）。也就是說，把每個八度都切割成 12 份，像現在的鋼琴這樣，不只考慮 7 個白鍵，還加上夾雜其中的 5 個黑鍵，那麼每次拉高五度，連續作 12 次，它每次停留的位置，就會不偏不倚的落在這 12 個音上面，而且最後一次又會回到第一個音（只是高了七個八度），如【圖 4-7】。

| 音名C | 音名G | 音名D | 音名A | 音名E | 音名B | 音名F♯ | 音名C♯ | 音名G♯ | 音名D♯ | 音名A♯ | 音名F | 音名C |
| 唱名Do | 唱名Sol | 唱名Re | 唱名La | 唱名Mi | 唱名Si | 唱名Fa | 唱名Do | 唱名Sol | 唱名Re | 唱名La | 唱名Fa | 唱名Do |

【圖 4-7】

　　在畢氏音階裡，因為是一個畢氏大半音 aptome 和一個畢氏小半音 limma 合起來才是一個全音，所以例如 Fa 和 Sol 之間的升 Fa，或是降 Sol，就不會剛好在 Fa 和 Sol 的「中間」。實際上，在畢氏音階裡，我們會利用畢氏大半音 aptome 來定義升和降的位置。比 Fa 還要高一個 aptome 的音，訂為升 Fa，比 Sol 還要小一個 aptome 的音，訂為降 Sol，因為 aptome 比 Fa 到 Sol 的全音音程一半還多一點點，所以升 Fa 比降 Sol 的音還略高一些，如【圖 4-8】。

Fa　　aptome　　升Fa　　limma　　Sol
　　（音程1.14）　　　（音程0.90）

Fa　　limma　　降Sol　　aptome　　Sol
　　（音程0.90）　　　（音程1.14）

【圖 4-8】

因此，若請調音師在鋼琴上調音時，讓琴鍵的音發出「畢氏音階」的音，除了白鍵的七個音之外，黑鍵的五個音，就得先講明要用「升」還是「降」的頻率了。

　　【圖 4–9】是利用時鐘（五度圈）來比較這些音的位置。【圖 4–9】裡的音階用音名表示，圈圈裡有 12 個實線的刻度，是平均律把一個八度切成的 12 個半音，起始音 Fa (F) 在上方的實線刻度上，往上或往下幾個五度，就用數字表示，例如從 Fa (F) 開始，往上五度會到 Do (C)，往下五度會到降 Si (B♭)，所以 F、C、B♭ 的數字代號分別記為 0、1、–1。音的內、外位置與音本身無關，只是為了加減五度繞圈圈時不要擠在一起。

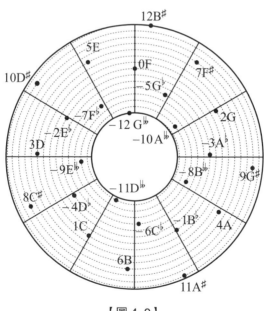

【圖 4–9】

第五章
為什麼一個八度裡
要放 12 個音？

　　長度的 10 公釐等於 1 公分，10 公分等於 1 公寸，10 公寸等於 1 公尺；重量的 1000 公克等於 1 公斤；容積的 1000 毫升等於 1 公升，當我們平常在計量長度、重量、容積時，很習慣的都會使用十進位，有人說這是因為我們有十根手指頭，確實算數時手指頭拿來輔助進位，還蠻好用的，但是碰到時間單位，60 秒為 1 分鐘，60 分鐘為 1 小時，又變成了 60 進位。據說古代巴比倫人以為一年有 360 天，所以把地球繞太陽公轉一天所移動的角度訂為一度，時間才會採用 60 進位，但這說法也不可考，較有邏輯的原因則是 60 可以被 2、3、4、5、6 等數整除，所以當需要作均勻分割時，較容易處理，所以才採用 60 進位。

　　而音高呢？我們用平均律把一個八度切割成「12」等分，這個 12 是怎麼來的？是不是也是因為它可以被 2、3、4、6 整除，所以在一個八度裡面塞進 12 個音，而不是 10 個音，或 9 個、8 個音之類的？但是除了 Do 到 Mi 的大三度音程，它的距離是八度的三分之一之外，二分之一個八度像是 Do 到升 Fa、四分之一個八度像是 Do 到升 Re，六分之一個八度像是 Do 到 Re，都不算是太「和諧」的音程距離，所以即使用 12 個音來分割一個八度，讓八度可以平分成兩份、三份、四份或六份，但這個「可均分」的理由，似乎也不夠充分。

　　不過,「和諧」這個概念,確實可以引導我們思考,一個八度裡面,應該放幾個音比較好。我們回頭來想想「五度音生成法」這個音階造法。

　　如果取一個音當成 Do,然後開始作五度音生成法,把頻率不斷的乘以 $\frac{3}{2}$ ,會先碰到 Sol 的音 ,再來是再高一點的 Re ,再來是 La、Mi、Si、升 Fa、升 Do、升 Sol、升 Re、升 La、Fa,然後又到 Do,但是最後這個 Do,早已比最開始的 Do 高了大約 7 個八度。

　　但如一開始所說的,五度音生成法,就是把頻率不斷的乘以 $\frac{3}{2}$ ,倘若提高了 12 個五度,即是將第一個音的頻率乘了 $(\frac{3}{2})^{12}$ 倍,然而,把音升高一個八度,則是把頻率乘以 2,升高 7 個八度,則是把第一個音的頻率乘以 $2^7$ 倍。所以「從 Do 開始作 12 次五度音生成法,會抵達高 7 個八度的 Do 的位置」這件事,以頻率倍數增長的概念來說,就相當於在說 $(\frac{3}{2})^{12}$ 會等於 $2^7$ 。

　　$(\frac{3}{2})^{12}$ 當然不等於 $2^7$ , 我們頂多只能說 $(\frac{3}{2})^{12}$ 大約是 $2^7$ 。 因此 $(\frac{3}{2})^{12}$ 和 $2^7$ 這兩個 「大約相等的值」,代表的意思應該修正為:利用五度音生成法 ,一直往高音的方向生成各個音 ,那麼生成 12 次的時候,「差不多」會抵達比第一個音高 7 個八度的位置。

　　那麼如果我們找得到兩個正整數 $x$ 和 $y$ , 使得 $(\frac{3}{2})^x$ 恰好可以等於 $2^y$,這一切就完美了,我們就可以說,只要做了 $x$ 次的五度音生成法,就恰恰好可以不偏不倚的到達高 $y$ 個八度的位置。可是看看這個等式:

$$\left(\frac{3}{2}\right)^x = 2^y$$

移項之後，變成

$$3^x = 2^{x+y}$$

等號左邊的 $3^x$ 的質因數只有 3，右邊 $2^{x+y}$ 只有質因數 2，所以說，「不可能」有正整數 $x$ 和 $y$ 滿足上面的等式。

所以 $\left(\frac{3}{2}\right)^{12}$ 大約等於 $2^7$ 的「大約」是必然的，但是為什麼分別是 12 次方和 7 次方呢？除了 12 和 7 之外，還有沒有 $x$ 和 $y$ 可以使得 $\left(\frac{3}{2}\right)^x$ 大約能等於 $2^y$？有啊，例如說，24 和 14 啊！就是 12 和 7 各乘以 2，這只是簡單的指數律：

$$\left(\frac{3}{2}\right)^{12} \approx 2^7 \Rightarrow \left(\frac{3}{2}\right)^{24} = \left(\left(\frac{3}{2}\right)^{12}\right)^2 \approx (2^7)^2 = 2^{14}$$

除此之外，還有沒有其他的方法能找到別的 $x$、$y$ 讓 $\left(\frac{3}{2}\right)^x$ 大約等於 $2^y$ 呢？至少，讓 $x$ 和 $y$ 沒有相同的公因數。

有的，有方法可以找到像這樣的 $x$ 和 $y$，使得 $\left(\frac{3}{2}\right)^x$ 大約能等於 $2^y$，我們可以使用「連分數」來找出 $x$ 和 $y$ 的比值。

所謂連分數（continued fraction，或稱繁分數），就是像

$$1 + \frac{2}{3 + \frac{4}{5}} \quad \text{或} \quad 1 + \cfrac{1}{3 + \cfrac{4}{5 + \cfrac{9}{7 + \cfrac{16}{9 + \cdots}}}}$$

這樣的數，實際上，像前面的這個連分數，若將它分母的 $3 + \frac{4}{5}$ 寫成假分數 $\frac{19}{5}$，那 $1 + \dfrac{2}{3 + \frac{4}{5}}$ 這個連分數就相當於是 1 再加上 2 除以 $\frac{19}{5}$，

即 1 再加上 2 乘以 $\dfrac{5}{19}$，所以它的值就等於 $1 + 2 \times \dfrac{5}{19} = \dfrac{29}{19}$。而後面的這個有許多點點點的連分數，表示它是有無限多層的連分數，若是沒有特殊的方法，我們就不一定能知道它真正的值是多少，或大約等於多少，這個例子裡，分子的部分都是平方數：$1^2$、$2^2$、$3^2$、$4^2$、……而每一層外圍的整數則是連續的奇數：1、3、5、7、……這一個看起來很有規律的連分數，實際上等於一個寫成無限小數時沒有規律的不循環小數，$1.27323954474\cdots$，它真正的值是 $\dfrac{4}{\pi}$，$\pi$ 是圓周率，一個貨真價實的無理數。

　　如果一個連分數每一層的分子都是 1，而且每一層的整數都是正整數（最外面的整數可以是 0），例如：

$$2 + \cfrac{1}{3 + \cfrac{1}{4 + \cfrac{1}{5 + \cfrac{1}{6 + \cdots}}}}$$

則這種連分數稱為 「簡單連分數 (simple continued fraction)」，我們把它記為 [2; 3, 4, 5, 6, …]。任何一個有理數，也就是兩個整數的比值，一定可以寫成有限層的簡單連分數。舉例來說，$\dfrac{61}{13}$，先寫成帶分數 $4\dfrac{9}{13}$，而 $\dfrac{9}{13}$ 的倒數是 $\dfrac{13}{9} = 1\dfrac{4}{9}$，所以 $\dfrac{61}{13} = 4\dfrac{9}{13}$ 又可以寫成 $4 + \cfrac{1}{\dfrac{13}{9}}$

$= 4 + \cfrac{1}{1 + \dfrac{4}{9}}$，同樣的，再把 $\dfrac{4}{9}$ 看成是 $\dfrac{9}{4} = 2\dfrac{1}{4}$ 的倒數，即 $\dfrac{4}{9} = \cfrac{1}{\dfrac{9}{4}}$

$= \cfrac{1}{2 + \dfrac{1}{4}}$，把這些程序寫在一起，就有

$$\frac{61}{13} = 4 + \frac{9}{13} = 4 + \frac{1}{\frac{13}{9}} = 4 + \frac{1}{1 + \frac{4}{9}}$$

$$= 4 + \frac{1}{1 + \frac{1}{\frac{9}{4}}} = 4 + \frac{1}{1 + \frac{1}{2 + \frac{1}{4}}} = [4;\ 1,\ 2,\ 4]$$

最後一層的分母 4，如果很無聊的故意把它寫成 $3 + \frac{1}{1}$，那麼 $\frac{61}{13}$ 也是可以寫成

$$4 + \frac{1}{1 + \frac{1}{2 + \frac{1}{3 + \frac{1}{1}}}} = [4;\ 1,\ 2,\ 3,\ 1]$$

所以，每個有理數，都有兩種簡單連分數的表示法，這兩種的差別，就是要不要把最後一層的分母，再挪出一個 1 來寫成 $\frac{1}{1}$。

　　而無理數，沒有辦法寫成兩個整數比值的數，就沒有辦法用「有限層」的簡單連分數來表示了，一定會有無限多層。

　　拿一個特別的例子來說：

$$[1;\ 1,\ 1,\ 1,\ \cdots] = 1 + \frac{1}{1 + \frac{1}{1 + \frac{1}{1 + \cdots}}}$$

這一個數它的每一層以下的部分，都是在「自我複製」，所以若假設它為 $x$，那麼這個數字就會滿足

$$x = 1 + \frac{1}{x} = 1 + \frac{1}{1 + \frac{1}{x}} = 1 + \frac{1}{1 + \frac{1}{1 + \frac{1}{x}}} = \cdots$$

如果有一個矩形，將它的長邊往外拉出一個正方形，與原本的矩形組

合成一個新的矩形，這個新矩形的長寬比，若恰好等於原矩形的長寬比，那麼這種矩形就稱為黃金矩形，長與寬的比值稱為黃金比例。

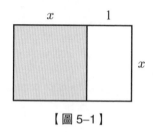

【圖 5–1】

假設原矩形長與寬的比為 $x:1$，則新矩形長與寬的比為 $(x+1):x$，因此利用原矩形和新矩形長寬的比值相等，可以得到

$$\frac{x}{1} = \frac{x+1}{x} \quad \Leftrightarrow \quad x = 1 + \frac{1}{x}$$

這個式子的正數解就是 $[1;\ 1,\ 1,\ 1,\ \cdots] = 1 + \cfrac{1}{1 + \cfrac{1}{1 + \cfrac{1}{1 + \cdots}}}$ ，所以

$[1;\ 1,\ 1,\ 1,\ \cdots]$ 的值就是黃金比例。

如果將 $[1;\ 1,\ 1,\ 1,\ \cdots] = 1 + \cfrac{1}{1 + \cfrac{1}{1 + \cfrac{1}{1 + \cdots}}}$ 的每一層切斷，看有限

層的結果，我們會發現

$$[1;\ 1] = 1 + \frac{1}{1} = 2$$

$$[1;\ 1,\ 1] = 1 + \cfrac{1}{1 + \cfrac{1}{1}} = \frac{3}{2}$$

$$[1;\ 1,\ 1,\ 1] = 1 + \cfrac{1}{1 + \cfrac{1}{1 + \cfrac{1}{1}}} = \frac{5}{3}$$

$$[1; 1, 1, 1, 1] = 1 + \cfrac{1}{1 + \cfrac{1}{1 + \cfrac{1}{1 + \cfrac{1}{1}}}} = \frac{8}{5}$$

$$[1; 1, 1, 1, 1, 1] = 1 + \cfrac{1}{1 + \cfrac{1}{1 + \cfrac{1}{1 + \cfrac{1}{1 + \cfrac{1}{1}}}}} = \frac{13}{8}$$

$$\vdots$$

把整數 1 當成第一項，然後依序將上面這些有理數排成分數的數列：

$$\frac{1}{1}, \frac{2}{1}, \frac{3}{2}, \frac{5}{3}, \frac{8}{5}, \frac{13}{8}, \cdots$$

這個有理數列是斐波那契數列 (Fibonacci sequence) 相鄰兩項中，後項與前項的比值，斐波那契數列是 1, 1, 2, 3, 5, 8, 13, 21, 34, …，它的頭兩項都是 1，之後的每一項則是前兩項的和，有許多科學或自然界的事物都與斐波那契數列有關，例如許多菊科植物的頭狀花序，順、逆時鐘方向旋的數量都是斐波那契數列相鄰兩項的值，像【圖 5–2】中，細數花序排列形成的螺旋 ，順時鐘方向有 21 旋 ，逆時鐘方向有 34 旋。實際上，利用斐波那契數，會讓這些花序排列得更為緊密。

【圖 5–2】

因為利用無限的簡單連分數 $[1; 1, 1, 1, \cdots]$ 的結果 ，我們也可以說，斐波那契數列相鄰的兩項，後項與前項的比值，會趨近於黃金比例。

所以，黃金比例到底是多少？如果直接從 「黃金比例是方程式 $x = 1 + \dfrac{1}{x}$ 的正根」的結果來看，將等號兩側同乘以 $x$，再利用配方法則可解得二次方程式

$$x = 1 + \frac{1}{x} \Rightarrow x^2 = x + 1 \Rightarrow x = \frac{1 \pm \sqrt{5}}{2}$$

因為黃金比例是黃金矩形長與寬的比值 ，所以我們當然取 $x$ 為正數 $\dfrac{1 + \sqrt{5}}{2}$，它是一個無理數。酷吧！有理數列 $\dfrac{1}{1}, \dfrac{2}{1}, \dfrac{3}{2}, \dfrac{5}{3}, \dfrac{8}{5}, \dfrac{13}{8}, \cdots$ 的極限值是無理數。

我們把問題拉回來幾個五度和幾個八度大約會相等的問題，也就是找出滿足 $(\frac{3}{2})^x = 2^y$ 的 $x$ 和 $y$，或者說，找出 $(\frac{3}{2})^{\frac{x}{y}} = 2$ 中 $\dfrac{x}{y}$ 的值。雖然說，若要讓等號成立，$x$ 和 $y$ 的比值 $\dfrac{x}{y}$ 就一定是無理數，但是我們可以找個 「接近的」有理數，讓 $(\frac{3}{2})^x$ 和 $2^y$ 大約相等。

就假設使得等式 $(\frac{3}{2})^{\frac{x}{y}} = 2$ 成立的 $\dfrac{x}{y}$ 會滿足

$$\frac{x}{y} = [a_0; a_1, a_2, a_3, \cdots] = a_0 + \cfrac{1}{a_1 + \cfrac{1}{a_2 + \cfrac{1}{a_3 + \cdots}}}$$

因為

$$\left(\frac{3}{2}\right)^1 < \boxed{2 = \left(\frac{3}{2}\right)^{\frac{x}{y}} = \left(\frac{3}{2}\right)^{a_0 + \cfrac{1}{a_1 + \cfrac{1}{a_2 + \cdots}}}} < \left(\frac{3}{2}\right)^2$$

所以 $a_0 + \cfrac{1}{a_1 + \cfrac{1}{a_2 + \cdots}}$ 一定是一點多，也就是說，$a_0 = 1$。

因為 $a_0 = 1$，所以我們再把上面那一個框框除以 $(\frac{3}{2})^1$，得到

$(\frac{3}{2})^{\frac{x}{y}-1} = \cfrac{2}{\frac{3}{2}} = \cfrac{4}{3}$，也可以把它看成 $(\frac{3}{2})^{\cfrac{1}{a_1+\frac{1}{a_2+\cdots}}} = \cfrac{4}{3}$，等號兩邊都同

時取 $a_1 + \cfrac{1}{a_2 + \cdots}$ 的冪次，得到 $\frac{3}{2} = (\frac{4}{3})^{a_1+\frac{1}{a_2+\cdots}}$。又因為

$$(\frac{4}{3})^1 < \boxed{\frac{3}{2} = (\frac{4}{3})^{a_1+\frac{1}{a_2+\cdots}}} < (\frac{4}{3})^2$$

所以 $a_1 + \cfrac{1}{a_2 + \cdots}$ 的值也是一點多，即 $a_1 = 1$。

仿造上面的程序，我們可以再把框框的值除以 $(\frac{4}{3})^1$，並且同時取

$a_2 + \cfrac{1}{a_3 + \cdots}$ 次方，得到 $\frac{4}{3} = (\frac{9}{8})^{a_2+\frac{1}{a_3+\cdots}}$。又因為

$$(\frac{9}{8})^2 < \boxed{\frac{4}{3} = (\frac{9}{8})^{a_2+\frac{1}{a_3+\cdots}}} < (\frac{9}{8})^3$$

所以 $a_2 + \cfrac{1}{a_3 + \cdots}$ 的值是二點多，即 $a_2 = 2$。

以此類推，不斷的重複這個步驟，我們可以得到 $a_3 = 2$, $a_4 = 3$, $a_5 = 1, \cdots$。因此

$$\frac{x}{y} = [1; 1, 2, 2, 3, 1, \cdots] = 1 + \cfrac{1}{1 + \cfrac{1}{2 + \cfrac{1}{2 + \cfrac{1}{3 + \cfrac{1}{1 + \cdots}}}}}$$

這個連分數可以一層一層的寫下去，無窮無盡。不過，我們也可以一層一層的截斷，截斷之後的有限連分數，可以用來當成這個無限連分數的近似值。將這些近似的有限連分數化約成一個最簡分數 $\frac{p}{q}$，就有 $(\frac{3}{2})^{\frac{p}{q}} \approx 2$，即 $(\frac{3}{2})^p = 2^q$，換句話說，就是 $p$ 個五度音程大約會等於 $q$ 個八度。以下是一層一層將 $\frac{x}{y}$ 這個無限多層的連分數截斷後的結果。

| | |
|---|---|
| $1 + \dfrac{1}{1} = 2$ | 這個近似值太粗糙了，它的意思是 $(\frac{3}{2})^2$ 大約等於 2，如果用五度音生成法在一個八度裡放兩個音，Do，再來是 Sol，若再高一個五度應該是 Re，把它當成 Do 來看，就相當於要容忍一個全音的誤差。 |
| $1 + \dfrac{1}{1 + \dfrac{1}{2}} = \dfrac{5}{3}$ | 這個連分數的值表示 $(\frac{3}{2})^{\frac{5}{3}}$ 大約等於 2，也可以說是 $(\frac{3}{2})^5$ 大約等於 $2^3$，它的意思是指用了五次的五度音生成法，差不多提高 3 個八度。這個近似值雖然感覺也不怎麼準，但它的音其實是 Do → Sol → Re → La → Mi，即宮 → 徵 → 商 → 羽 → 角的五聲音階，在鋼琴上的黑鍵就恰好可以詮釋這五個音，但是從第五個音 Mi 再往上一個五度應該為 Si，它比第一個音 Do 的三個八度還低大約一個全音，把 Si 當成 Do，這個誤差也是不太理想。 |

| | |
|---|---|
| $$1 + \cfrac{1}{1 + \cfrac{1}{2 + \cfrac{1}{2}}} = \frac{12}{7}$$ | 這個連分數的值表示 $(\frac{3}{2})^{\frac{12}{7}}$ 大約等於 2，也可以說是 $(\frac{3}{2})^{12}$ 大約等於 $2^7$，這個近似值比上面那個好很多了，它的意思可以說是用了 12 次的五度音生成法，差不多是 7 個八度。這不就是我們前面所提到的近似值嗎？如果再做 mod octave 的動作，就可以把 12 個音塞進一個八度內，現在一個八度裡的 12 個半音差不多也就是這麼一回事。 |
| $$1 + \cfrac{1}{1 + \cfrac{1}{2 + \cfrac{1}{2 + \cfrac{1}{3}}}} = \frac{41}{24}$$ | 這個連分數的值表示 $(\frac{3}{2})^{\frac{41}{24}}$ 大約等於 2，也可以說是 $(\frac{3}{2})^{41}$ 大約等於 $2^{24}$，它的意思可以說是用了 41 次的五度音生成法，差不多是 24 個八度。如果作 mod octave 的動作把 41 個音收回到同一個八度內，把整個八度音程分割成 41 個音，感覺蠻酷的，不過五線譜可能不太夠用了，而且唱歌的時候，可能很容易就被音樂老師說：「你走音了！」 |

　　實際上，像這樣在某一層的地方切開無限多層的連分數，得到的近似值，它確實是「最佳」的近似值。這裡所謂的「最佳」，指的是把這個切開後的連分數整理成最簡分數之後，在不超過它的分母的所有分數中，這個切開後的連分數是最接近實際值的。

　　舉例來說，$1 + \cfrac{1}{1 + \cfrac{1}{2 + \cfrac{1}{2}}} = \dfrac{12}{7}$，在分母不超過 7 的所有分數裡，

$\dfrac{12}{7}$ 是讓 $(\dfrac{3}{2})^{\frac{x}{y}}$ 最靠近 2 的指數 $\dfrac{x}{y}$。也就是說，在不超過 7 個八度的

範圍內，若是用五度音去生成各個音，那麼生成 12 個不同的音，會是

最理想的分配。

　　若在一個八度內置入超過 12 個的音，就得要塞入 41 個音在八度

音程內，此時相鄰兩音的頻率比值只有 $\dfrac{3^{12}}{2^{19}} \approx 1.0136$ 與 $\dfrac{2^{46}}{3^{29}} \approx 1.0253$ 兩

種，姑且也將這兩者的音程稱之為小半音和大半音，這個畢氏 41 音階

的小半音，恰好就是畢氏 12 音階中的畢氏音差，也就是 12 個五度音

程與 7 個八度音程的差距。由於大半音的頻率比值 $\dfrac{2^{46}}{3^{29}}$ 大約是小半音

頻率比值 $\dfrac{3^{12}}{2^{19}}$ 的平方（實際上，$\dfrac{2^{46}}{3^{29}} \approx (\dfrac{3^{12}}{2^{19}})^{1.846}$），也就是說，如果耳朵

夠敏銳，區分得出這兩個音程的話，可以發現這個「畢氏 41 音階」的

大半音音程，幾乎是小半音音程的兩倍。若是用平均律將一個八度音

程平均分割成 41 等份時，相鄰兩音的頻率比值為 $2^{\frac{1}{41}} = \sqrt[41]{2} \approx 1.01705$，

以它當成標準來計算音程的話，這個畢氏 41 音階的小半音和大半音的

音程分別是：

$$畢氏 41 音階的小半音音程：\log_{2^{\frac{1}{41}}} \dfrac{3^{12}}{2^{19}} \approx 0.8016$$

$$畢氏 41 音階的大半音音程：\log_{2^{\frac{1}{41}}} \dfrac{2^{46}}{3^{29}} \approx 1.4796$$

它們並沒有特別接近 「平均律 41 音階」 的半音音程 1，尤其是大半音，幾乎是「平均律 41 音階」的半音音程的 1.5 倍了，因此，「平均律 41 音階」並不能用來取代「畢氏 41 音階」。也就是說，用平均律製造出來的 41 音階，與用五度音生成法製造出來的畢氏 41 音階，並不會是聽起來差不多的音階。

　　如果不是用頻率比值 $\frac{3}{2}$ 的五度音程，而是以其他的頻率比值來生成音階呢？例如比值為 $\frac{5}{4}$ 的大三度音程，在一個八度內只有 12 個音的鋼琴鍵盤上從 C 依序走大三度音程，很快的 C → E → G$^\sharp$ → C 就完成一個循環了。但是如果考慮 $x$ 個大三度約等於 $y$ 個八度，即 $(\frac{5}{4})^x \approx 2^y$，則 $\frac{x}{y} \approx \log_{\frac{5}{4}} 2 = [3; 9, 2, 2, 4, 6, \cdots]$，其整數部分 3，就是上面的 3 個音在一個八度內的循環；第一個漸近分數 $[3; 9] = \frac{28}{9}$，表示移動 28 個「大三度」約相當於 9 個八度，所以 mod octave 後，一個八度內就要塞入 28 個音（音程有兩個，約為 1.024 與 1.034，以平均律分配，音程為 $\sqrt[28]{2} \approx 1.025$）。

　　我們可以仿照上面的方式，嘗試用更多不同的頻率比來生成各個音，並且截斷連分數，看看可以塞入幾個音在一個八度內。基本上，取 $\log_{\frac{a}{b}} 2$ 的連分數 ，截斷第 $k$ 層得到的近似分數 $\frac{p_k}{q_k}$ 所代表的意思是：用頻率比值 $\frac{a}{b}$ 去生成新的音，連續生成 $p_k$ 個音，會展開到第 $q_k$ 個八度，作 mod octave 收回到同一個八度內時，一個八度裡就有 $p_k$ 個音。

幾個嘗試出來的值如下：

1. 頻率比值 $\dfrac{3}{2}$，五度音生成法：

$$\log_{\frac{3}{2}} 2 = [1;\ 1,\ 2,\ 2,\ 3,\ 1,\ \cdots] : \frac{p_2}{q_2} = \frac{5}{3},\ \frac{p_3}{q_3} = \frac{12}{7},\ \frac{p_4}{q_4} = \frac{41}{24},$$

$$\frac{p_5}{q_5} = \frac{53}{31}$$

2. 頻率比值 $\dfrac{5}{3}$，大六度音生成法：

$$\log_{\frac{5}{3}} 2 = [1;\ 2,\ 1,\ 4,\ 22,\ 4,\ \cdots] : \frac{p_2}{q_2} = \frac{4}{3},\ \frac{p_3}{q_3} = \frac{19}{14},\ \frac{p_4}{q_4} = \frac{422}{311}$$

3. 頻率比值 $\dfrac{5}{4}$，大三度音生成法：

$$\log_{\frac{5}{4}} 2 = [3;\ 9,\ 2,\ 2,\ 4,\ 6,\ \cdots] : \frac{p_1}{q_1} = \frac{28}{9},\ \frac{p_2}{q_2} = \frac{59}{19},\ \frac{p_3}{q_3} = \frac{146}{47}$$

4. 頻率比值 $\dfrac{7}{4}$，小七度音生成法（接近小七度）：

$$\log_{\frac{7}{4}} 2 = [1;\ 4,\ 5,\ 4,\ 5,\ 4,\ \cdots] : \frac{p_1}{q_1} = \frac{5}{4},\ \frac{p_2}{q_2} = \frac{26}{21},\ \frac{p_3}{q_3} = \frac{109}{88}$$

5. 頻率比值 $\dfrac{7}{5}$，減五度音生成法（接近減五度或增四度）：

$$\log_{\frac{7}{5}} 2 = [2;\ 16,\ 1,\ 1,\ 1,\ 8,\ \cdots] : \frac{p_1}{q_1} = \frac{33}{16},\ \frac{p_2}{q_2} = \frac{35}{17},\ \frac{p_3}{q_3} = \frac{68}{33},$$

$$\frac{p_4}{q_4} = \frac{103}{50}$$

6. 頻率比值 $\dfrac{6}{5}$，小三度音生成法：

$$\log_{\frac{6}{5}} 2 = [3;\ 1,\ 4,\ 22,\ 4,\ 1,\ \cdots] : \frac{p_2}{q_2} = \frac{19}{5},\ \frac{p_3}{q_3} = \frac{422}{111}$$

7. 頻率比值 $\dfrac{7}{6}$，小三度音生成法（約在大二度和小三度之間，較接近小三度）：

$$\log_{\frac{7}{6}} 2 = [4;\ 2,\ 72,\ 10,\ 1,\ 5,\ \cdots] : \dfrac{p_1}{q_1} = \dfrac{9}{2},\ \dfrac{p_2}{q_2} = \dfrac{652}{145}$$

8. 頻率比值 $\dfrac{5}{3}$，大六度音生成法：

$$\log_{\frac{9}{8}} 2 = [5;\ 1,\ 7,\ 1,\ 2,\ 4,\ \cdots] : \dfrac{p_1}{q_1} = \dfrac{6}{1},\ \dfrac{p_2}{q_2} = \dfrac{47}{8},\ \dfrac{p_3}{q_3} = \dfrac{53}{9},$$

$$\dfrac{p_4}{q_4} = \dfrac{153}{26}$$

　　簡單來說，上面這些分數的「分子」，就是用這幾個頻率比值生成音階時，可以塞進一個八度裡的音的個數。這些可能的音階，只能說是我們用數學「玩」出來的結果，在歷史的脈絡裡，倒是沒有用相同的方法變化出如此多元的音階，再者，若真的要使用這些音階，至少也要檢查一下，在這些音階裡，是不是有接近我們習慣的五度音程、大三度音程和小三度音程，這樣才搭配得出基本的和弦，創造出來的曲子，也多少才會有點「韻味」。

## 第六章
## 完美的純律
## 不完美？

　　莫札特、德布西等天才音樂家的美妙樂曲揚起時，肢體不自覺的跟著節奏擺動，腦海中堆疊的繁雜事務被樂句逐一的擠到九霄雲外，世間萬物似乎全都沉浸在音符的以太中，這時我們所渴求的一切都需要和諧，任何一丁點暇疵都會干擾正在進行中的悠揚情感。

　　但是和諧，並非什麼都一樣，當每一顆音符擁有的東西都相同時，就像一片死水，沒有起伏，沒有情感。如果音階是用平均律來分配，每個音符之間都等距，那麼聲音的抑揚頓挫就只能用強弱來呈現，屬於音符與音符的搭配就不夠牢靠，完全五度的完美出現了缺口，它的和諧沒有剛剛好，還差了一點點。傳統的畢氏音階、純律音階，在和諧的競賽上，終究還是占了上風。

　　在中世紀的前半段，正統音樂（例如教會音樂）的編曲方式，是採單音譜曲，也就是沒有和弦的搭配。即使到了十二世紀，複音織體的作品逐漸取代單音素歌，但複音織體的編曲也只是將各獨立的聲部各別編曲再搭配起來，僅在特定的幾個地方，例如重音、樂曲結束之處等，才考慮各聲部的搭配是否和諧，這個時期所認為的「和諧」，仍然只有四度、五度及八度音程，因此樂曲聽起來較為空洞、單調。到了十三、四世紀時，世俗音樂逐漸能接受三度與六度音程，最後也使

得正統的宗教音樂不得不容納這種更豐富的編曲型式。例如十四世紀最具代表性的法國作曲家馬修 (Guillaume de Machaut, 1300–1377)，他的作品雖然主要仍使用五度、八度音程，但也運用了不少三度及六度音程，使得他的作品顯得更和諧而豐富。

四度、五度及八度音程，基本上可以說是利用畢氏音階所產生的自然音程，因此四度、五度和八度的完美，畢氏音階呈現得出來。而利用五度音生成法（也就是 $\frac{3}{2}$ 倍的頻率再做 mod octave 的動作）所生成的三度音，其頻率比值為 $\frac{81}{64}$，相較於更「乾淨」、更「純」的大三度音程，其頻率比值應為 $\frac{5}{4}$，這個比值是無法用 2：3 的頻率比例所生成的。

Do–Mi–Sol (C–E–G) 是大三和弦，所謂大三和弦指的是從首音，加一個大三度和一個完全五度的音，三個音所組成的和弦，除了 Do–Mi–Sol (C–E–G) 之外，還有 Fa–La–Do (F–A–C)、Sol–Si–Re (G–B–D) 等，我們先前也曾利用這三組音，拉到同一個八度內，組成純律音階。它們的頻率比如【圖 6–1】。

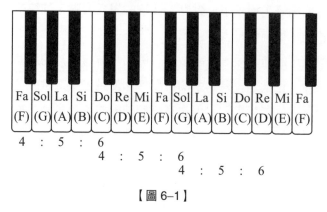

【圖 6–1】

　　如果我們以 Do 當作起始音，只考慮一個八度內的音，也就是將上面橫跨大約兩個八度的音，透過 mod octave 的動作收回到一個八度內，那麼我們可以寫出這一個八度內各個音與起始音 Do 的頻率比值以及音程，如【表 6–1】。

| 唱名<br>（音名） | Do<br>(C) | Re<br>(D) | Mi<br>(E) | Fa<br>(F) | Sol<br>(G) | La<br>(A) | Si<br>(B) | Do(C)<br>（高八度） |
|---|---|---|---|---|---|---|---|---|
| 頻率<br>比值 | 1 | $\frac{9}{8}$ | $\frac{5}{4}$ | $\frac{4}{3}$ | $\frac{3}{2}$ | $\frac{5}{3}$ | $\frac{15}{8}$ | 2 |
| 音程 | 0 | 2.039 | 3.863 | 4.981 | 7.020 | 8.844 | 10.883 | 12 |
| 相鄰音的<br>頻率比值 | | $\frac{9}{8}$ | $\frac{10}{9}$ | $\frac{16}{15}$ | $\frac{9}{8}$ | $\frac{10}{9}$ | $\frac{9}{8}$ | $\frac{16}{15}$ |
| 相鄰音的<br>音程差距 | | 2.039 | 1.824 | 1.117 | 2.039 | 1.824 | 2.039 | 1.117 |

【表 6–1】

　　從【表 6–1】可以發現，相鄰兩音的頻率比值有三種不同的大小，其中頻率比值為 $\frac{9}{8}$ 和 $\frac{10}{9}$ 的兩個音程大約是一個全音的音程，但前者比平均律的全音音程稍大，稱為 major tone，後者比平均律的全音音程略小，稱為 minor tone，而頻率比值為 $\frac{16}{15}$ 的音程大約是一個半音，稱為 diatonic semitone，它略大於平均律的半音音程。

　　在 C 大調音階裡（音階結構為：全音、全音、半音、全音、全音、全音、半音），純律音階在同一個八度內的全音就是 major tone 和 minor tone 交替互換，半音音程都是 diatonic semitone，如【圖 6–2】。

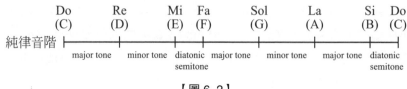

【圖 6–2】

　　因為純律音階比畢氏音階多用了頻率比 4 : 5 的大三度音程來生成音，因此 Do – Mi – Sol 的 Mi、Fa – La – Do 的 La 和 Sol – Si – Re 的 Si 三個音，在純律與畢氏音階裡有不同的音高，Mi (E)、La (A)、Si (B) 三個音的頻率，在純律中略低於畢氏音階同樣的三個音，比例為 $\frac{80}{81}$ 倍，這是因為純律和畢氏音階的完全五度音程，都是頻率比值為 $\frac{3}{2}$ 的音程，而完全五度等於一個大三度加一個小三度，畢氏音程的小三度，相當於完全五度的頻率比值 $\frac{3}{2}$ 除以畢氏大三度音程的頻率比值 $\frac{81}{64}$，等於頻率比值為 $\frac{32}{27}$ 的音程，而純律的小三度音程，則是完全五度的頻率比值 $\frac{3}{2}$ 除以純律大三度音程的頻率比值 $\frac{5}{4}$，等於頻率比值為較簡潔的 $\frac{6}{5}$。簡要的來說，純律的大三度較畢氏音階的大三度音程小，純律的小三度較畢氏音階的小三度大，兩種音階在大三度或小三度的音程差距為 syntonic comma，音程約為 0.215。Syntonic comma 的音程與純律大、小三度及畢氏大、小三度的關係如【圖 6–3】所示。

純律音程 | 大三度音程 | 小三度音程 | 完全五度音程
畢氏音程 | 大三度音程 | 小三度音程 ↑ syntonic comma

【圖 6–3】

## 純律大調音階的修正

　　大三和弦，是從首音開始先一個大三度，再一個小三度，例如前面提到的 Fa–La–Do (F–A–C)、Do–Mi–Sol (C–E–G)、Sol–Si–Re (G–B–D)。若希望在大調音階裡聽到的大三和弦更單純更和諧，使用純律音階當然會比畢氏音階來得好。若是把一個八度內的音放在圓上，如【圖 6–4】，在圓周上擺放各個音，我們把圓周上的弧用音程（以平均律定義的音程）來刻畫，一圈就是一個八度，從圓心以虛線畫到圓周上的音，是畢氏音階裡的 Fa (F)、Sol (G)、La (A)、Si (B)、Do (C)、Re (D)、Mi (E)，而圓周上的 $E_j$、$A_j$、$B_j$，即表示 Mi、La、Si 這三個音在純律音階的位置。在圓內框起來的三角形，代表的是大調音階裡三個使用純律音階得到的大三和弦。

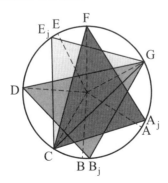

【圖 6–4】

　　若考慮小三和弦，所謂小三和弦則是從首音開始先一個小三度，再一個大三度，在大調音階裡的小三和弦有 Re–Fa–La (D–F–A)、Mi–Sol–Si (E–G–B) 和 La–Do–Mi (A–C–E)。所以仿照【圖 6-4】的「和弦三角形」，小三和弦的三角形僅是將大三和弦的三角形經過鏡射、旋轉而得到的全等三角形。

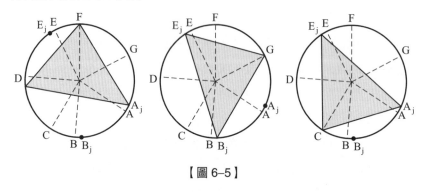

【圖 6-5】

　　從【圖 6-5】的三個純律小三和弦的三角形可以發現，Mi–Sol–Si (E–G–B) 和 La–Do–Mi (A–C–E) 兩個和弦，可以在純律音階裡的小三度音程、大三度音程完全對應無誤的，但在 Re–Fa–La (D–F–A) 中，若要對準 Fa 到 La 的純律大三度，那麼 Re 到 La 的完全五度（或是 Re 到 Fa 的小三度） 就無法對齊，Re 的音必需要再少一個 syntonic comma 的音程才行。

　　也就是說，在一個八度內僅有 7 個音的大調音階中，利用三組大三和弦裡的大三度與小三度音程製造出來的純律音階，要完美的呈現另外三組純律的小三和弦，是有困難的，若要修正，則除了 Sol–Si–Re (G–B–D) 這個大三和弦需要原本 Re 的音之外，還要再多放一個很接近 Re，但音高再低一點點的音，它也是 Re，但僅只於用來呈現 Re–Fa–La 的純律小三和弦，我們把這個 Re 的音名先取作 $D_j$。

　　除了大三、小三和弦外，這個圓內還有一個減三和弦 Si–Re–Fa (B–D–F)，它也有類似的問題。所謂減三和弦，是首音加上連續兩個小三度音程的音。在純律的音階中，Si 到 Re 是完美的小三度，也就是頻率比為 5 : 6 的兩個音，但是 Re 到 Fa 卻是畢氏的小三度，頻率比為 27 : 32，若要將 Re–Fa 的音程修正成純律的小三度，則 Fa 的音要再高一個 syntonic comma 的音程，如【圖 6–6】中白色的和弦三角形。或者另一種修正的方法，是 Fa 的音不變，Re 的音使用先前修正 Re–Fa–La 而調整成較低一點的 Re ($D_j$)，但是 Si 的音則再修正成比純律的 Si 音低一個 syntonic comma 的音，這個音雖然仍是 Si，但是因為它比畢氏音階的 Si 低了兩個 syntonic comma，所以它與 Do 的音又更遠一些，這個 Si 到 Do 的音程為

$$\log_{2^{\frac{1}{12}}}\left(\frac{16}{15}\times\frac{81}{80}\right)=\log_{2^{\frac{1}{12}}}\frac{27}{25}\approx 1.3324$$

這一個修正的 Si–Re–Fa 減三和弦，則如下圖灰色的和弦三角形。無論是哪一種修正的方式，又都勢必要再讓純律音階多產生一個音。因此，要在同一個八度的大調音階中，呈現純律的三個大三和弦、三個小三和弦及一個減三和弦，則總共需要包含兩個修正音的 9 個音。

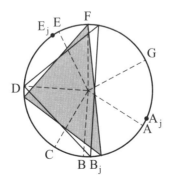

【圖 6–6】

　　實際上，如果在大調音階裡走大三度和小三度，例如從 Fa (F) 的音開始：

$$F \xrightarrow[\frac{5}{4}]{\text{大三度}} A \xrightarrow[\frac{6}{5}]{\text{小三度}} C \xrightarrow[\frac{5}{4}]{\text{大三度}} E \xrightarrow[\frac{6}{5}]{\text{小三度}} G \xrightarrow[\frac{5}{4}]{\text{大三度}} B \xrightarrow[\frac{6}{5}]{\text{小三度}} D \xrightarrow[\frac{6}{5}]{\text{小三度}} F$$

移動了兩個八度，其中經過了 3 個大三度與 4 個小三度，但是純律音階裡的大三度與小三度音程所對應的頻率比值分別是 $\frac{5}{4}$ 和 $\frac{6}{5}$，因此從一開始的 Fa 移動 3 個大三度和 4 個小三度得到高兩個八度的 Fa 的頻率比值為

$$(\frac{5}{4})^3 \times (\frac{6}{5})^4 = \frac{81}{20}$$

是兩個八度頻率比值 $2^2$ 的 $\frac{81}{80}$ 倍，也就是一個 syntonic comma 的音程，這代表了如果僅用純律的大三度和小三度音程，無法完整的填滿整個八度，所以在只有 7 個音的大調音階中，無論怎麼安排，絕對無法全部都使用完美的純律三和弦。

## 音差

　　在畢氏音階中，相距三個大三度的音程，頻率比值為 $(\frac{81}{64})^3$ $= \frac{531441}{262144}$ 很接近 2，換句話說，三個大三度大約就是一個八度的音程。實際上，三個畢氏大三度的頻率與一個八度的頻率比 $(\frac{81}{64})^3 : 2$，比值相當於一個畢氏音差：

$$\frac{(\frac{81}{64})^3}{2} = \frac{3^{12}}{2^{19}}$$

另一個解釋的方法是，在畢氏音階的大三度音程相距兩個全音，即 2 個 aptome 加上 2 個 limma 的距離，所以三個大三度的音程，相當於 6 個 aptome 加上 6 個 limma 的距離，而一個完整的八度音程有 5 個全音和 2 個半音，相當於 5 組 aptome 加 limma 再加上 2 個 limma，所以三個大三度與一個八度的差，可以表示成：

$$\underbrace{3(2\text{aptome} + 2\text{limma})}_{\text{3 個大三度} = 3 \times 2 \text{個全音}} - \underbrace{(5(\text{aptome} + \text{limma}) + 2\text{limma})}_{\text{八度} = 5 \text{個全音} + 2 \text{個半音}} = \text{aptome} - \text{limma}$$

在前面有提過，aptome 與 limma 的差距等於一個畢氏音差 (Pythagorean comma)。

因此畢氏音差可以視為：

1. 12 個完全五度音程與 7 個八度音程的差（第四章）

2. 畢氏 41 音階的小半音音程（第五章）

3. 一個 aptome 與一個 limma 的差

4. 三個畢氏大三度音程與一個八度音程的差

然而，純律大三度比畢氏大三度小一個 syntonic comma 的距離，所以三個純律大三度音程也很接近一個八度，只比三個畢氏大三度音程小 3 個 syntonic comma，或是說，三個純律大三度到一個八度的距離，相當於 3 個 syntonic comma 減掉一個 Pythagorean comma，這一小段音程稱為 diesis，如【圖 6-7】。

【圖 6-7】

利用一個八度與三個純律大三度的差距，可以算出 diesis 的頻率比值及音程分別為

$$\text{diesis 的頻率比值：} \frac{2}{(\frac{5}{4})^3} = \frac{128}{125}$$

$$\text{diesis 的音程：} \log_{2^{\frac{1}{12}}} \frac{128}{125} \approx 0.4106$$

如果任意搭配三個畢氏大三度和純律大三度，再和一個八度比較，除了 Pythagorean comma 和 diesis 之外，還會有 schisma 和 diaschisma 兩種不同的音差，分別描述如下：

Schisma 是兩個畢氏大三度加一個純律大三度的音程，比一個八度還多出來的差距，其頻率比值及音程分別為：

$$\text{schisma 的頻率比值：} \frac{(\frac{81}{64})^2 \times \frac{5}{4}}{2} = \frac{32805}{32768}$$

$$\text{schisma 的音程：} \log_{2^{\frac{1}{12}}} \frac{32805}{32768} \approx 0.0195$$

【圖 6–8】

Diaschisma 是一個畢氏大三度加兩個純律大三度的音程，少於一個八度的差距，其頻率比值及音程分別為：

$$\text{diaschisma 的頻率比值：} \frac{2}{\frac{81}{64} \times (\frac{5}{4})^2} = \frac{2048}{2025}$$

$$\text{diaschisma 的音程：} \log_{2^{\frac{1}{12}}} \frac{2048}{2025} \approx 0.1955$$

【圖 6–9】

由【圖 6–7】、【圖 6–8】、【圖 6–9】，還可以比較 diesis、schisma 和 diaschisma 與 Pythagorean comma 和 syntonic comma 的關係：

1. 因為 Pythagorean comma 是三個畢氏大三度減掉一個八度音程的距離，schisma 是兩個畢氏大三度加一個純律大三度減掉一個八度音程的距離，而畢氏大三度又比純律大三度多一個 syntonic comma，所以 Pythagorean comma 相當於 schisma 加上 syntonic comma 的距離。

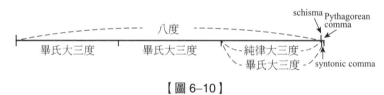

【圖 6–10】

2. 因為 diesis 是一個八度減掉三個純律大三度的距離，diaschisma 是一個八度減掉兩個純律大三度與一個畢氏大三度的距離，而畢氏大三度比純律大三度多 syntonic comma，所以 diaschisma 相當於 diesis 減掉 syntonic comma 的距離，或者也可以說，syntonic comma 等於 diesis 減 diaschisma 的距離。

【圖 6–11】

3. 由以上兩點知

Pythagorean comma = schisma + syntonic comma

diesis = syntonic comma + diaschisma

而 Pythagorean comma 和 diesis 的距離和，相當於三個畢氏大三度與三個純律大三度的距離差，這個距離差也相當於三個 syntonic comma，因此可推得：

Pythagorean comma + diesis

= (schisma + syntonic comma) + (syntonic comma + diaschisma)

= 3 × 畢氏大三度 − 3 × 純律大三度

= 3 × syntonic comma

所以，schisma 和 diaschisma 的距離和，會等於一個 syntonic comma。

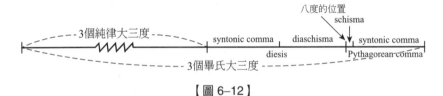

【圖 6–12】

## Schismatic tuning

　　Schisma 是上述的音差（包含 Pythagorean comma、syntonic comma、diesis、schisma 和 diaschisma）裡面音程最小的，距離只有 0.0195，我們可以利用這個一點點的差距，重新把畢氏音階拿回來，替代純律音階的音。

　　先回憶畢氏半音音階音名的定義方式：每多一個「升記號」或多一個「降記號」，實際上是分別增加或減少一個畢氏大半音 (aptome)，

而一個全音則是一個 aptome 加一個 limma。若考慮在純律音階裡的大三度（例如 Do 到 Mi 的音程）與完全四度（例如 Do 到 Fa 的音程），其頻率比值分別為 $\frac{5}{4}$ 與 $\frac{4}{3}$，兩者的頻率比值 $\frac{4}{3} \div \frac{5}{4} = \frac{16}{15}$ 代表的音程，恰好為一個 diatonic semitone，也就是純律的 Mi 到 Fa 的距離，這個音程比 aptome 小一點，比 limma 大一點。

簡單討論一下純律的 Mi 到 Fa 的音程 (diatonic semitone)，它的距離相當於是純律的 Mi 到畢氏的 Mi 的距離 (syntonic comma) 加上畢氏的 Mi 到 Fa 的距離 (limma)，所以 diatonic semitone = syntonic comma + limma。

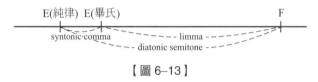

【圖 6–13】

而降 Fa 到畢氏 Mi 的距離可以看成降 Fa 到 Fa 的距離 (aptome) 減掉畢氏 Mi 到 Fa 的距離 (limma)，恰等於一個 Pythagorean comma，而 Pythagorean comma 又是 syntonic comma 加 schisma，所以 aptome 減 limma 等於 syntonic comma 加 schisma，移項後得到 aptome 等於 limma 加 syntonic comma 加 schisma，套用 diatonic semitone 等於 syntonic comma 加 limma 的結果，可以得到 aptome 等於 diatonic semitone 加 schisma。所以降 Fa 到純律 Mi 的距離，正好就是一個 schisma，如圖【圖 6–14】。

由於 schisma 的音程相當小，因此，用畢氏音階的 Do– 降 Fa–Sol (C–F♭–G) 取代純律音階的大三和弦 Do–Mi–Sol (C–E–G)，會是一個不錯的選擇。

$$\text{Pythagorean comma} = \text{aptome} - \text{limma}$$
$$= \text{syntonic comma} + \text{schisma}$$
$$\therefore \text{aptome} = \text{limma} + \text{syntonic comma} + \text{schisma}$$
$$= \text{diatonic semitone} + \text{schisma}$$

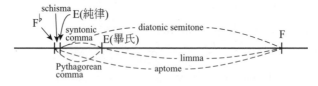

【圖 6-14】

　　若在圓上比較純律的大調音階與畢氏半音音階（由 aptome 來定義升降的畢氏音階）的情況，則如【圖 6-15】所示。

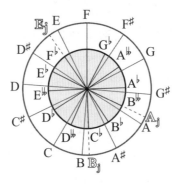

【圖 6-15】

　　從【圖 6-16】中可以很容易的看出，純律音階的 La($A_j$)、Mi($E_j$)、Si($B_j$) 三個音，分別與畢氏音階的 $B^{\flat\flat}$、$F^{\flat}$、$C^{\flat}$ 很接近，都只相差 schisma 的音程，所以純律的大三和弦 Fa–La–Do (F–$A_j$–C)、Do–Mi–Sol (C–$E_j$–G)、 Sol–Si–Re (G–$B_j$–D)，可以直接用畢氏音階的 Fa– 重降 Si–Do (F–$B^{\flat\flat}$–C)、Do– 降 Fa–Sol (C–$F^{\flat}$–G)、Sol–降 Do–Re (G–$C^{\flat}$–

D) 替代，純律小三和弦的 Mi–Sol–Si ($E_j$–G–$B_j$) 和 La–Do–Mi ($A_j$–C–$E_j$) 則用畢氏音階的降 Fa–Sol– 降 Do ($F^\flat$–G–$C^\flat$) 和重降 Si–Do– 降 Fa ($B^{\flat\flat}$–C–$F^\flat$)，甚至需要額外增加一個音 （較低的 Re） 的純律小三和弦 Re–Fa–La ($D_j$–F–$A_j$)，也可以用畢氏音階的重降 Mi–Fa– 重降 Si ($E^{\flat\flat}$–F–$B^{\flat\flat}$) 代替。

## 「純律」和聲小調音階

　　因為一個全音等於一個 aptome 加一個 limma ，以及畢氏音階裡升、降半音的半音是 aptome，因此在畢氏音階裡，降 Mi 到 Mi 是一個 aptome，Mi 到 Fa 是一個 limma，合起來剛好是一個全音。而 Mi 若改成純律音階的 Mi，那麼從降 Mi 到 Fa 的一個全音，則是拆成「降 Mi 到純律的 Mi」與「純律的 Mi 到 Fa」，後者「純律的 Mi 到 Fa」是一個 diatonic semitone，它是 aptome 減掉 schisma 的距離，所以前者的「降 Mi 到純律的 Mi」就是 limma 加上 schisma 的距離，這段音程稱為 major chroma 。而 schisma 也等於 Pythagorean comma 減 syntonic comma 的距離，也就是 aptome 減 limma 再減 syntonic comma 的距離，所以也可以把 major chroma 視為一個 aptome 減一個 syntonic comma 的距離，頻率比值為 $\dfrac{3^7}{2^{11}} \div \dfrac{81}{80} = \dfrac{135}{128}$，音程約為 1.1369−0.2151=0.9218。

$$\begin{aligned}
\text{major chroma} &= \text{一個全音} - \text{diatonic semitone} \\
&= (\text{aptome} + \text{limma}) - (\text{aptome} - \text{schisma}) \\
&= \text{limma} + \text{schisma} \\
&= \text{limma} + (\text{Pythagorean comma} - \text{syntonic comma}) \\
&= \text{limma} + ((\text{aptome} - \text{limma}) - \text{syntonic comma}) \\
&= \text{aptome} - \text{syntonic comma}
\end{aligned}$$

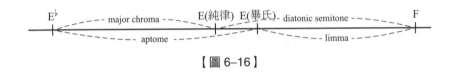

【圖 6–16】

而一個 aptome 減兩個 syntonic comma 的距離，則稱為 minor chroma，

頻率比值為 $\dfrac{3^7}{2^{11}} \div (\dfrac{81}{80})^2 = \dfrac{25}{24}$，音程約為 $1.1369 - 2 \times 0.2151 = 0.7067$。

如果把 syntonic comma 看成畢氏大三度減純律大三度的距離，則一個

aptome 減兩個 syntonic comma 就相當於一個 aptome 加兩個純律大三

度減兩個畢氏大三度，其中畢氏大三度是兩個 aptome 加兩個 limma，

所以兩個畢氏大三度減一個 aptome 等於三個 aptome 加四個 limma，

恰好是一個完全五度，因此，minor chroma 也可看成兩個純律大三度

減一個五度音程，頻率比值可以寫成 $(\dfrac{5}{4})^2 \div (\dfrac{3}{2}) = \dfrac{25}{24}$，或是把五度

減去純律大三度看成純律小三度，則兩個純律大三度減一個五度相當

於一個純律大三度減去一個純律小三度。

$$\text{minor chroma} = \text{aptome} - 2 \cdot (\text{syntonic comma})$$

$$= \text{aptome} - 2 \cdot (\text{畢氏大三度} - \text{純律大三度})$$

$$= 2 \cdot \text{純律大三度} - (2 \cdot \text{畢氏大三度} + \text{aptome})$$

$$= 2 \cdot (\text{純律大三度}) - \text{完全五度}$$

$$= \text{純律大三度} - (\text{完全五度} - \text{純律大三度})$$

$$= \text{純律大三度} - \text{純律小三度}$$

　　在純律的和聲小調音階裡，會用到 minor chroma 的音程。

　　以 A 小調音階為例，在和聲小音階中，音階的順序為 A→B→C→D→E→F→G$^\sharp$→A，因為在 A 小調的關係大調（C 大調）裡，E、A、B 三個音改成純律的音，假設分別記為 $E_j$、$A_j$、$B_j$，因此這裡的 A 小調音階一樣先改成 $A_j$→$B_j$→C→D→$E_j$→F→G$^\sharp$→$A_j$。仿照大調音階的修正方式，在圓內考慮 A 小調的三個和弦三角形：主和弦 $A_j$–C–$E_j$、下屬和弦 D–F–$A_j$、屬和弦 $E_j$–G$^\sharp$–$B_j$。這裡的下屬和弦 D–F–$A_j$ 仍然仿照 C 大調的 D–F–$A_j$ 一樣，將 D 的音往下修正一個 syntonic comma 的距離（把這個音記為 $D_j$），因此這個和弦就形成 $D_j$–F–$A_j$。而屬和弦 $E_j$–G$^\sharp$–$B_j$，因為從 $E_j$ 到 G$^\sharp$ 的距離，相當於一個畢氏大三度再加一個 syntonic comma，因此把 G$^\sharp$ 往下修正兩個 syntonic comma，把這個音記為 $G_J^\sharp$，這樣才能使得 $E_j$ 到 $G_J^\sharp$ 的距離形成一個純律大三度。因此，整個純律 A 小調音階，就會變成 $A_j$→$B_j$→C→$D_j$→$E_j$→F→$G_J^\sharp$→$A_j$。

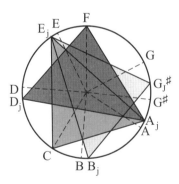

【圖 6–17】

如果計算一下這個音階的頻率比值與音程關係，則如【圖 6–18】。

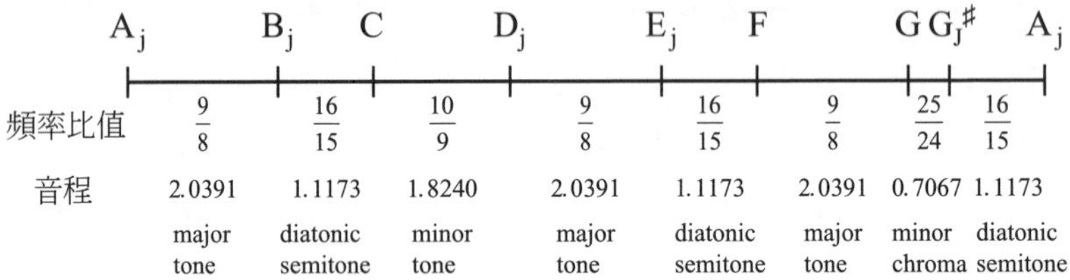

| $A_j$ | | $B_j$ | $C$ | | $D_j$ | | $E_j$ | $F$ | | $G$ $G_j^\#$ | $A_j$ |
|---|---|---|---|---|---|---|---|---|---|---|---|

| 頻率比值 | $\dfrac{9}{8}$ | $\dfrac{16}{15}$ | $\dfrac{10}{9}$ | $\dfrac{9}{8}$ | $\dfrac{16}{15}$ | $\dfrac{9}{8}$ | $\dfrac{25}{24}$ | $\dfrac{16}{15}$ |
|---|---|---|---|---|---|---|---|---|
| 音程 | 2.0391 | 1.1173 | 1.8240 | 2.0391 | 1.1173 | 2.0391 | 0.7067 | 1.1173 |
| | major tone | diatonic semitone | minor tone | major tone | diatonic semitone | major tone | minor chroma | diatonic semitone |

A小調純律和聲小音階

【圖 6–18】

可以注意到這裡相鄰兩音的頻率比值與音程的關係有

$$頻率比值：\frac{f_{B_j}}{f_{A_j}} = \frac{f_{E_j}}{f_{D_j}} = \frac{9}{8}，音程為 \log_{2^{\frac{1}{12}}}(\frac{9}{8}) \approx 2.0391$$

$$頻率比值：\frac{f_C}{f_{B_j}} = \frac{f_F}{f_{E_j}} = \frac{f_{A_j}}{f_{G_j^\#}} = \frac{16}{15}，音程為 \log_{2^{\frac{1}{12}}}(\frac{16}{15}) \approx 1.1173$$

$$頻率比值：\frac{f_{D_j}}{f_C} = \frac{10}{9}，音程為 \log_{2^{\frac{1}{12}}}(\frac{10}{9}) \approx 1.8240$$

$$頻率比值：\frac{f_{G_j}}{f_F} = \frac{f_G}{f_F} \times \frac{f_{G_j^\#}}{f_G} = \frac{9}{8} \times \frac{25}{24} = \frac{75}{64}，音程為$$

$$\log_{2^{\frac{1}{12}}}(\frac{9}{8}) + \log_{2^{\frac{1}{12}}}(\frac{25}{24}) \approx 2.0391 + 0.7067 = 2.7458$$

其中 G 到 $G_j^\#$ 的音程，就是 minor chroma。

　　若是考慮三度音程，則除了 $B_j$ 到 $D_j$ 是畢氏小三度，其餘三度音程，都是純律的大三度或小三度，如【圖 6–19】。

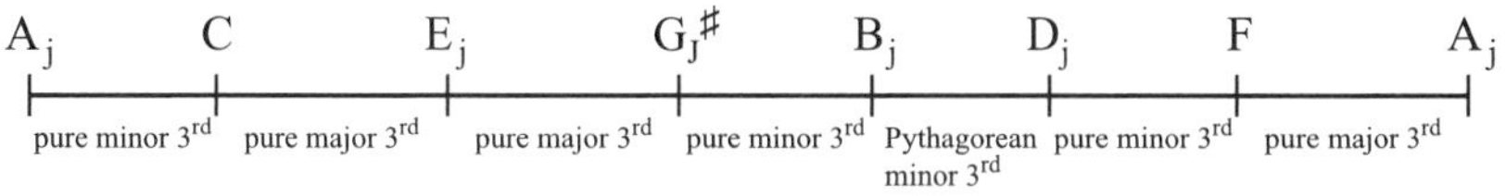

| $A_j$ | | C | | $E_j$ | | $G_j$♯ | | $B_j$ | | $D_j$ | | F | | $A_j$ |
| pure minor 3ʳᵈ | | pure major 3ʳᵈ | | pure major 3ʳᵈ | | pure minor 3ʳᵈ | | Pythagorean minor 3ʳᵈ | | pure minor 3ʳᵈ | | pure major 3ʳᵈ | |

A小調純律和聲小音階三度音程

【圖 6–19】

　　我們當然也可以用畢氏音階中的升、降音符去替代純律的 A 小調和聲小音階中的 $A_j$、$E_j$、$D_j$ 三個音，但較可惜的是，$G_j$♯ 這個音比較難找到哪一個畢氏音階裡的音去取代。

## 第七章
## 從純律 12 音階到
## 三和弦的結構

我們不只能利用 4:5:6 的頻率比生成純律的大調 7 音階,還可以生成純律 12 音階,不過就像畢氏音階只利用五度音生成法沒有辦法產生完美的八度一樣,頻率比 4:5 的大三度,一樣沒辦法產生出頻率比 1:2 的八度音程,頂多只能「近似」,而且還有更麻煩的地方。

舉例來說,我們看 Do 到 Re 的頻率比,利用五度音生成法,從 Do 往高音的方向移動兩個五度,可以走到比 Do 所在的八度還要高一層的 Re,再把頻率除以 2,就能拉回與 Do 在同一層的 Re:

$$\text{Do} \xrightarrow[\text{完全五度}]{\text{頻率} \times \frac{3}{2}} \text{Sol} \xrightarrow[\text{完全五度}]{\text{頻率} \times \frac{3}{2}} \text{Re} \xrightarrow[\text{mod octave}]{\text{頻率} \div 2} \text{Re}$$

這個時候 Re 的頻率是 Do 的 $\frac{3}{2} \times \frac{3}{2} \div 2 = \frac{9}{8}$ 倍。再看另外一個想法:因為 Re 拉高兩個五度會爬到高一層的 Mi,而 Mi 又只比同一層的 Do 高一個大三度音程,所以反過來想,我們可以從 Do 先走一個大三度音程到 Mi,然後頻率連續「除以 $\frac{3}{2}$」兩次,走到較低一層的 Re,再把頻率乘以 2 拉回到原本 Do 旁邊的 Re:

$$\text{Do} \xrightarrow[\text{大三度}]{\text{頻率} \times \frac{5}{4}} \text{Mi} \xrightarrow[\text{低五度}]{\text{頻率} \div \frac{3}{2}} \text{La} \xrightarrow[\text{低五度}]{\text{頻率} \div \frac{3}{2}} \text{Re} \xrightarrow[\text{mod octave}]{\text{頻率} \times 2} \text{Re}$$

這樣 Re 的頻率就是 Do 的 $\frac{5}{4} \div \frac{3}{2} \div \frac{3}{2} \times 2 = \frac{10}{9}$ 倍。

一樣是 Do 到 Re 的大二度音程，在允許使用大三度、完全五度和八度音程來生成音階的純律 ，卻至少有 $\frac{9}{8}$ 和 $\frac{10}{9}$ 兩種不一樣的頻率比，而且這兩個比值，說大不大，說小也不小，拿來當全音（大二度）音程，似乎都沒什麼不好。到底要選一個，這下麻煩大了！

其實這問題不只是在純律產生，在畢氏音階也有，只是不這麼明顯而已，例如說，一樣是 Do 到 Re 的音程，在上面第一個方法，其實也只用了五度音生成法和 mod octave，所以也屬於畢氏音階的音程，Re 的頻率比是 Do 的 $\frac{9}{8}$ 倍，但是若從 Re 開始作了 10 次的五度音生成法 ，也會跑到 Do ，所以把 Do 的頻率除以 $\frac{3}{2}$ 的十次方，再 mod octave，乘以 2 的六次方，就能得到頻率為 Do 的 $(\frac{2}{3})^{10} \times 2^6 = \frac{65536}{59049}$ 倍的 Re。要用哪一個當畢氏音階的大二度音程的頻率比值？$\frac{9}{8}$ 還是 $\frac{65536}{59049}$，答案通常很顯然，除了 $\frac{9}{8}$ 這個分數比較簡單之外，還有我們也不想這麼麻煩的從 Do 拉高那麼多的五度再回頭這麼多的八度才跑到 Re。

是的，重點就是「不想麻煩」！

所以，在純律裡面，我們也嫌麻煩，能少一點步驟就少一點步驟，所以通常從 Do 生成到 Re 時，誰用的步驟最少，就用誰的頻率，看一下上面的程序 ，頻率為 Do 的 $\frac{9}{8}$ 倍的 Re ，升高兩次的五度和一個 mod octave 的動作，頻率為 Do 的 $\frac{10}{9}$ 倍的 Re，升高一次的大三度、

降低兩次五度再作 mod octave，顯然前者較快抵達終點，$\dfrac{9}{8}$ 勝！所以，我們就把 Do 到 Re 的大二度音程的頻率比規定為 8:9。

在純律裡，要生成各個音，主要依賴的是升降五度和升降大三度的音程，而八度音程，代表的還是同一個音，所以我們可以先忽略頻率比值為 2 的冪次的八度音。既然希望不要「麻煩」，那麼剩下來利用五度和大三度來生成各個音的方式，把它想成有兩個方向的快速道路，橫向快速道路專門連接相差五度的音，縱向快速道路專門連接相差大三度的音。

| | | | | |
|---|---|---|---|---|
| ⋮ | ⋮ | ⋮ | ⋮ | ⋮ |
| ⋯⋯ D(Re) ⋯⋯ | A(La) ⋯⋯ | E(Mi) ⋯⋯ | B(Si) ⋯⋯ | F♯(升Fa) ⋯⋯ |
| ⋯⋯ B♭(降Si) ⋯⋯ | F(Fa) ⋯⋯ | C(Do) ⋯⋯ | G(Sol) ⋯⋯ | D(Re) ⋯⋯ |
| ⋮ | ⋮ | ⋮ | ⋮ | ⋮ |
| ⋯⋯G♭(降Sol)⋯⋯ | D♭(降Re) ⋯⋯ | A♭(降La) ⋯⋯ | E♭(降Mi) ⋯⋯ | B♭(降Si) ⋯⋯ |
| ⋮ | ⋮ | ⋮ | ⋮ | ⋮ |

【圖 7–1】

在【圖 7–1】這個棋盤格的音階地圖裡，往右或往上走，就會到較高的音，往左或往下走，會到較低的音。

如果講究一點，即使相同的音名，但在這音符的交通網裡，若是在不同的位置，音高也不一樣，例如左上角的 Re，和最右邊中間的 Re，就是前面所提 Re 的例子，一個是從中間的 Do 低兩個五度再高一個大三度，另一個是高兩個五度得到的，若都作 mod octave 的動作，前者的 Re 頻率是 Do 的 $\dfrac{10}{9}$ 倍，後者的 Re 頻率是 Do 的 $\dfrac{9}{8}$ 倍。我們選用後者，是因為它是從 Do 往右走「兩次」就到了，而前者往左又往上，共走了「三次」才到，所以選擇不麻煩的往右兩次。

　　然而，另一個應當注意的是，從 Do 開始移動，增加兩個完全五度和一個大三度（也就是在道路網往右兩次和往上一次），會走到頻率比 Do 還高 $(\frac{3}{2})^2 \times \frac{5}{4} = \frac{45}{16}$ 的升 Fa，mod octave 之後，為與 Do 同一層的升 Fa，頻率為 Do 的 $\frac{45}{32} \approx 1.406$ 倍；而同樣的，從 Do 開始移動，減少兩個完全五度和一個大三度（也就是在道路網往左兩次和往下一次），會走到頻率為 Do 的 $(\frac{2}{3})^2 \times \frac{4}{5} = \frac{16}{45}$ 倍的降 Sol，mod octave 之後，為與 Do 同一層的降 Sol，頻率為 Do 的 $\frac{64}{45} \approx 1.422$ 倍。我們習慣上把升 Fa 和降 Sol 當成同一個音，在鋼琴上它們也是共用同一個鍵盤，但是在純律生成音符的方法上，頻率卻還是有些微的差距。

## 三和弦的結構

　　如果我們不考慮純律音階中，各個音程的些微差距，而是在平均律的架構下，考慮用五度、大三度和小三度的音程來作為音的生成（或者說是音的移動），那麼，在音階時鐘裡，從 0(C) 開始，依序移動小三度音程，會形成 0(C)→3(D♯)→6(F♯)→9(A)→0(C) 的循環，若依序移動大三度音程，會形成 0(C)→4(E)→8(G♯)→0(C) 的循環，如【圖 7-2】。

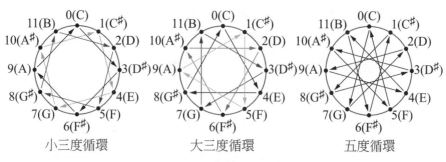

小三度循環　　　　大三度循環　　　　五度循環

【圖 7-2】

　　在代數中，像時鐘一樣只有 12 個數（元素）構成的結構，可以稱為只有 12 個元素的循環群 $\mathbb{Z}_{12}$，在這個「群」上的運算可以想成是時鐘面上的指針在整數刻度的移動，就像是數字在作加法運算一樣，只是多一個「mod 12」的動作，「mod 12」的意思是整數加法超過 12 的時候，就要減掉 12，小於 0 時，就加上 12，使得運算時的結果都只能落在 0、1、2、3、……、11，有點像是我們平常說的 0 點就是深夜 12 點，13 點就是下午 1 點，14 點就是下午 2 點的意思。所以 mod octave 在只有整數的平均律音程裡，就相當於作 mod 12。同樣的道理，在加法運算的循環群 $\mathbb{Z}_3$ 裡，運算就是一般整數的加法搭配 mod 3；在 $\mathbb{Z}_4$ 裡的運算就是一般整數的加法搭配 mod 4。

　　因此，在 mod octave 的作用下，只有用小三度形成的循環，可以視為循環群 $\mathbb{Z}_4$，想像鐘面上只有 0、3、6、9 四個數字，而這裡的「加法」，是一次加 3，也就是時鐘上指針的轉動，每次都只能轉 90 度，一次轉 3 格。而一樣是小三度循環的 1、4、7、10 或 2、5、8、11 同樣可以想成是 $\mathbb{Z}_4$ 的結構。類似的，只用大三度形成的循環，則可視為只有 0、4、8 或 1、5、9 或 2、6、10 或 3、7、11 三個數字形成的循環群 $\mathbb{Z}_3$，運算相當於指針一次只能轉 120 度，一次轉 4 格。因此 12 音階的每個音（或每個數字），都恰好會在其中一個「$\mathbb{Z}_4$」的循環中，也會在其中一個「$\mathbb{Z}_3$」的循環中，例如 Re（音名 D，數字 2）在 2、5、8、11 這個小三度循環中，也在 2、6、10 的大三度循環裡。然而利用五度音生成法所形成的畢氏音階，可以走完所有的 12 個音，也就是在時鐘面上，用五度循環來移動，即每次指針轉動，都只能移動 7 格，或者說這個運算只可以「+7」及「mod 12」。所以 Do 到 Re 只要

$$C(0) \xrightarrow{\text{五度：}+7} G(7) \xrightarrow[\text{mod octave (mod 12)}]{\text{五度：}+7} D(2)$$

因此，把每個音同時在其中一個小三度與一個大三度循環裡，也在五度循環裡的這兩種看法合起來，就能得到 $\mathbb{Z}_{12} \cong \mathbb{Z}_4 \times \mathbb{Z}_3$ 的對應關係。

用【圖 7–1】這樣的音階地圖，會更清楚看到這種對應關係。

如果把【圖 7–1】左上 – 右下的兩個音（兩音的音程為小三度）再連一條道路起來，然後推移個角度，把五度音程的方向改成左下 – 右上的斜向道路，小三度音程的方向改成橫向道路，就形成如【圖 7–3】的音網 (tonnetz)，斜向虛線的五度音程可以拆解成縱向灰色的大三度音程與橫向黑色的小三度音程，而以平均律的想法，將每個八度音 mod octave 之後，那麼音網裡，將上、下兩邊相同的音與左、右兩邊相同的音合併起來 ， 就可以把 12 音階視為在一個甜甜圈表面 (torus) 的結構，如【圖 7–4】。

因此每一個音，都會在一個橫向黑線的循環和一個縱向灰線的循環的交叉點上，這就是 $\mathbb{Z}_4 \times \mathbb{Z}_3$ 上的點，而每一個音，也會是在由虛線串起的循環裡，這就是 $\mathbb{Z}_{12}$ 的點。所以純律的「二維結構」和畢氏音階「一維結構」的對應就形成了。

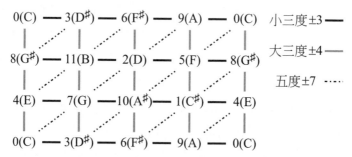

【圖 7–3】：音網 (tonnetz)。純律音階是用完全五度及大三度所生成，而完全五度又可拆解成大三度與小三度音程。

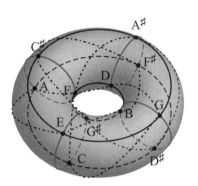

【圖 7–4】：十二音階可以形成甜
甜圈表面的結構。

　　我們還能從這個結構中看到「和弦」：在【圖 7–3】或【圖 7–4】
中用音階編織的「音網」，用黑線、灰線、虛線這三種線的邊所圍成的
三角形，相當於是用小三度、大三度及完全五度構成的和弦，分別相
當於音網裡的任何一個數字 +3、 +4 和 +7 再 mod 12，這些和弦又可
以分為兩類：大三和弦與小三和弦。這裡的大三和弦，就是在音網中
直角在左上的和弦三角形，即三個音 （點） 的代號為 $n, n+4, n+7$
$(\text{mod } 12)$，在樂理上來看，就是從根音 $n$，再一個大三度的音 $n+4$，
和一個完全五度的音 $n+7$。而小三和弦，就是和弦三角形的直角在右
下，音（點）的代號為 $n, n+3, n+7 \ (\text{mod } 12)$，即從根音 $n$，和一個
小三度及一個完全五度的音。

　　為了與音名的符號區分，這裡將**大三與小三和弦的名稱分別以根音的斜體大寫與斜體小寫表示**。在【表 7-1】中，把大三和弦與小三和弦看成在 $\mathbb{Z}_{12} \times \mathbb{Z}_{12} \times \mathbb{Z}_{12}$ 裡的三元數對 $(x, y, z)$。

| 大三和弦 | triad | 小三和弦 | triad |
|---|---|---|---|
| $C$ | (0, 4, 7) | $c$ | (0, 3, 7) |
| $C^\sharp = D^\flat$ | (1, 5, 8) | $c^\sharp = d^\flat$ | (1, 4, 8) |
| $D$ | (2, 6, 9) | $d$ | (2, 5, 9) |
| $D^\sharp = E^\flat$ | (3, 7, 10) | $d^\sharp = e^\flat$ | (3, 6, 10) |
| $E$ | (4, 8, 11) | $e$ | (4, 7, 11) |
| $F$ | (5, 9, 0) | $f$ | (5, 8, 0) |
| $F^\sharp = G^\flat$ | (6, 10, 1) | $f^\sharp = g^\flat$ | (6, 9, 1) |
| $G$ | (7, 11, 2) | $g$ | (7, 10, 2) |
| $G^\sharp = A^\flat$ | (8, 0, 3) | $g^\sharp = a^\flat$ | (8, 11, 3) |
| $A$ | (9, 1, 4) | $a$ | (9, 0, 4) |
| $A^\sharp = B^\flat$ | (10, 2, 5) | $a^\sharp = b^\flat$ | (10, 1, 5) |
| $B$ | (11, 3, 6) | $b$ | (11, 2, 6) |

【表 7-1】：大三和弦與小三和弦的三元數對對照表

　　音網中的和弦三角形裡，大三和弦被小三和弦包圍著，小三和弦也被大三和弦包圍著。或者也可以說，共用同一個「邊」的兩個和弦，一個是大三和弦，另一個是小三和弦，而且共用兩個頂點相距的音程只能是完全五度，或小三度，或大三度，而這相鄰兩和弦之間的轉換，就依照上述這種共用兩頂點音程差距的不同，依序看成是 P (Parallel)、L (Leading-tone exchange)、R (Relative) 三種變換在和弦上的作用。簡單來說，P、L 或 R 作用在大三和弦與小三和弦上，就是在音網中分別固定住虛線邊、黑邊、灰邊的變換，如【圖 7–5】。

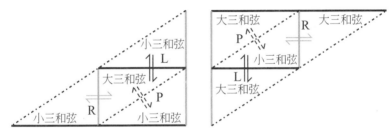

【圖 7–5】：P、L 與 R 的變換

　　因為 P、L 或 R 的變換都只會改變和弦的一個音（固定另外兩個音），因此從大小和弦的列表或是音網中都能觀察到以下幾個簡單卻重要的性質：

1. 任何一個大三和弦無論經過 P、L 或 R 一次的變換，都會得到小三和弦，反之亦然。經過 P、L 或 R 偶數次的變換（可任意搭配），會形成大三和弦之間的變換，或小三和弦之間的變換。

2. 重複 P 兩次的變換，等同於不變的變換。L 和 R 亦同。

3. 任一個大三和弦或小三和弦，透過 P、L 或 R 的變換，改變的那一個音，音程的變化只會相差 1 或 2（一個半音或一個全音）。

舉例來說，大三和弦 $C = (0, 4, 7)$，經過 P 的變換後，會得到小三和弦 $c = (0, 3, 7)$，其中 0 和 7 被固定住，$4 \rightarrow 3$ 只減少 1；同樣的 $C$ 和弦經過 L 的變換後，會得到小三和弦 $e = (4, 7, 11)$，其中 4 和 7 被固定住，$0 \rightarrow 11$ 減少了 1；$C$ 和弦經過 R 的變換後，會得到小三和弦 $a = (9, 0, 4)$，其中 0 和 4 被固定住，$7 \rightarrow 9$ 增加了 2。

像這樣擁有三個音的和弦經過 P、L 或 R 的變換後，和弦有兩個音保持不變，而唯一沒有被固定住的音只改變一個半音或一個全音的性質稱為 parsimonious，音樂理論學家 Richard Cohn（美國，1955– ）在用 P、L、R 將三和弦的變換推廣到廣義的音階時，parsimonious 是希望能被保持住的性質。

一般來說，若根音為 $x$ 的和弦 $(x, y, z)$ 經過 P、L 或 R 的運算後，分別會得到根音為 $x$、$y$ 或 $x+y-z$ 的和弦 $(x, x-y+z, z)$、$(y, z, -x+y+z)$ 或 $(x+y-z, x, y)$。如果在音階時鐘上把和弦看成三角形，則 P、L 和 R 分別作用在和弦三角形上的情形，相當於分別以通過點 $\dfrac{x+z}{2}$、$\dfrac{y+z}{2}$ 和 $\dfrac{x+y}{2}$ 的直徑為軸作鏡射，如【圖 7–6】。

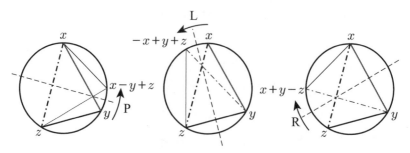

【圖 7–6】：在音階時鐘上，P、L 與 R 三種變換的情形

　　若把和弦 $(x, y, z)$，以及 $x$ 到 $y$ 和 $y$ 到 $z$ 相距的音程 $p$ 和 $q$ 同時以 $(x \xrightarrow{+p} y \xrightarrow{+q} z)$ 來表示，則有

$$P : (x \xrightarrow{+p} y \xrightarrow{+q} z) \mapsto (z \xleftarrow{+p} (x - y + z) \xleftarrow{+q} x)$$

$$L : (x \xrightarrow{+p} y \xrightarrow{+q} z) \mapsto ((-x + y + z) \xleftarrow{+p} z \xleftarrow{+q} y)$$

$$R : (x \xrightarrow{+p} y \xrightarrow{+q} z) \mapsto (y \xleftarrow{+p} x \xleftarrow{+q} (x + y - z))$$

若是大三和弦，則數對 $(p, q) = (4, 3)$，若是小三和弦，則數對 $(p, q) = (3, 4)$。

　　現在將大三和弦與小三和弦視為主體，那麼 P、L 和 R 這三種轉換作用在和弦上，就相當於把「音網」的點當成面，面當成點，會形成像蜂巢一樣的結構，如【圖 7–7】。

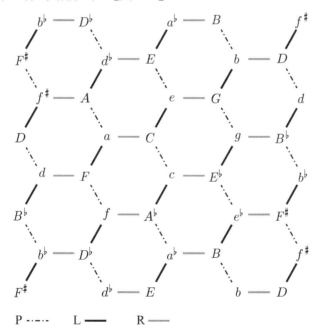

【圖 7–7】

在 【圖 7–7】 中沿著右上到左下的路徑，即僅透過 L 和 R 的變換：

$$\cdots \xrightarrow{\text{R}} f^{\sharp} \xrightarrow{\text{L}} D \xrightarrow{\text{R}} b \xrightarrow{\text{L}} G \xrightarrow{\text{R}} e \xrightarrow{\text{L}} C \xrightarrow{\text{R}} \cdots$$

會走遍所有的 24 個大三和弦與小三和弦。值得一提的是，樂聖貝多芬失聰後所完成著名的第九號交響曲，其中的第二樂章 143〜176 小節就沿著這個路徑，依序移動了 $C$、$a$、$F$、$d$、$B^{\flat}$、$g$、$E^{\flat}$、$c$、$A^{\flat}$、$f$、$D^{\flat}$、$b^{\flat}$、$F^{\sharp}$、$e^{\flat}$、$B$、$a^{\flat}$、$E$、$c^{\sharp}$、$A$ 這 19 個和弦，不難想像這位偉大的音樂家在詮釋音樂時，腦海中蘊涵了或許連他都想像不到的數學模式。

若將「先 R 再 L」的合成變換寫成 L∘R，那麼 L∘R 會跑過

$$C \to F \to B^{\flat} \to E^{\flat} \to A^{\flat} \to D^{\flat} \to F^{\sharp} \to B \to E \to A \to D \to G \to C$$

以及

$$c \to g \to d \to a \to e \to b \to f^{\sharp} \to d^{\flat} \to a^{\flat} \to e^{\flat} \to b^{\flat} \to f \to c$$

兩個獨立的循環，這兩個循環，各自擁有 12 個和弦，剛好就是所有的大三和弦和所有的小三和弦。我們可以把這兩個循環，各自看作是以和弦為元素，以 L∘R 為運算的循環群 $\mathbb{Z}_{12}$。而這兩個循環之間，又可透過 P 轉換對應的大三和弦與小三和弦，而且 P 連續作用兩次又會回到自己，也就是說 $P^2 = P \circ P$ 相當於一個不變的變換，例如：

$$C \xleftrightarrow{\text{P}} c \xleftrightarrow{\text{P}} C \text{ 或 } c^{\sharp} \xleftrightarrow{\text{P}} C^{\sharp} \xleftrightarrow{\text{P}} c^{\sharp}$$

此外，又可從 【圖 7–7】 中看出來，從任意一個和弦開始，依序經過 R、L、P、R、L、P 的變換，就會繞著一個六邊形的邊框移動回原來的位置，亦即 P∘(L∘R)∘P∘(L∘R) 這個合成變換，也相當於不變的變換。

因此，大三與小三和弦之間透過 L∘R 和 P 的變換構成 24 元二面體群 D$_{12}$ (the Dihedral group of order 24)。所謂 24 元二面體群，是兩個 12 元循環群透過特定運算規則組合起來的結構。這一個由大三和弦和小三和弦構成的 24 元二面體群，就是由合成變換 L∘R 當運算的 12 個大三和弦及 12 個小三和弦的兩個 ℤ$_{12}$ 組合而成，並且在這兩個循環群 ℤ$_{12}$ 的中間擺一面鏡子，這面鏡子的作用相當於 P 的變換，如【圖 7–8】，而 P 和 L∘R 之間的關係，就是 P∘(L∘R)∘P∘(L∘R) 為一個不變的變換。

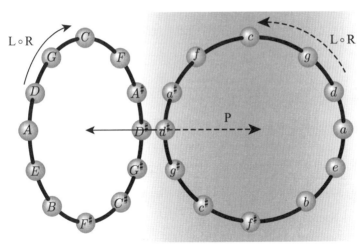

【圖 7–8】

在【圖 7–9】中，可以看出 R∘L 和 P 這兩個生成元的移動方式。

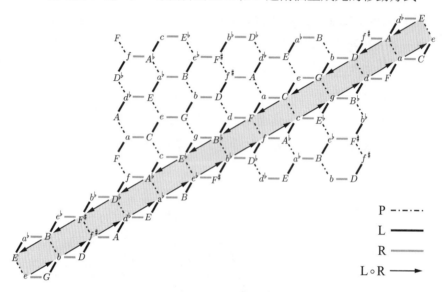

P ---·---
L ————
R ————
L∘R ———▶

【圖 7–9】：L∘R 和 P 的變換構成 24 元二面體群 $D_{12}$

　　由 P、L、R 三種變換及其合成運算所生成的群稱為 the PLR group 或 the neo-Riemannian group，這裡的 Riemann 不是我們熟悉的數學家 Bernhard Riemann ，而是十九世紀的德國作曲家與樂理學家 Hugo Riemann (1849–1919)。大三和弦與小三和弦透過 P、L 與 R 的變換，從幾何上來看，可說是對偶於純律音階構成的二維網狀結構，而純律音階構成的音網可以形成甜甜圈表面，所以大三與小三和弦構成如蜂巢般的和弦結構也可以形成甜甜圈表面。在代數結構上，P、L 與 R 三種變換作用在大三和弦與小三和弦上可以生成二面體群 $D_{12}$。但如果不是作用在大三和弦與小三和弦上，就不一定會形成二面體群了，例如當 $(x, y, z) = (0, 4, 8) \in \mathbb{Z}_{12} \times \mathbb{Z}_{12} \times \mathbb{Z}_{12}$，在音階時鐘上形成一個正三角形，無論以通過哪一邊中點的直徑為軸作鏡射，和弦 (0, 4, 8) 仍

然不變，所以 P、L 與 R 都是不變的變換。此外，再細看 P、L 與 R 三種變換，當作用在大三和弦與小三和弦時，都可以再分解成在 $\mathbb{Z}_{12}$ $\times \mathbb{Z}_{12} \times \mathbb{Z}_{12}$ 上的平移 (T, transposition) 與對稱 (I, inversion)，例如和弦 Do–Mi–Sol (C–E–G) 的三個音通通都往上「平移」一個半音，變成和弦升 Do– 升 Mi– 升 Sol ($C^\sharp$–$E^\sharp$–$G^\sharp$)，或是在音階時鐘裡，以 Do 和升 Fa 這條線為軸，和弦 Do–Mi–Sol (C–E–G) 會「對稱」於和弦 Fa– 降 La–Do (F–$A^\flat$–C)，由 T 與 I 所生成的群 (the T/I group) 也會是由所有的大三和弦與小三和弦為元素的二面體群，只是運算是 T、I 而不是 P、L、R。The T/I group 和 the PLR group 甚至還有特別的「對偶」關係。

　　和弦與數學的關係透過 neo-Riemann 理論，從二十世紀開始甚至更一般化的被一些有數學背景的樂理學家如 David Lewin（美國，1933–2003）、Richard Cohn 及現在的 Dmitri Tymoczko（美國，1969– ）等人用幾何或拓樸方式更完整的描述與建構。從前似乎只能「感受」的美妙音樂，相信正逐步的能用更完整的數學模式所解讀。

# 參考資料

1. Mark Peterson. "Mathematical Harmonies".[Online].Retrieved from http://amath.colorado.edu/pub/matlab/music/MathMusic.pdf

2. Blackwood, E. (1985). *The Structure of Recognizable Diatonic Tunings*. Princeton, NJ: Princeton University Press.

3. Richard L. Cohn. Neo-Riemannian Operations, Parsimonious Trichords, and Their Tonnetz Representations. *Journal of Music Theory, 41*(1):1–66, 1997.

4. Adam Townsend. *Maths and Music Theory*. Retrieved from http://adamtownsend.com/wp-content/uploads/2011/03/Music-Talk.pdf, 2011.

5. Alissa S. Crans, Thomas M. Fiore, and Ramon Satyendra. Musical actions of dihedral groups. *The American Mathematical Monthly, 116*(6): 479–495, 2009.

6. 〈耳朵的構造及聽覺形成的原因〉,長庚醫院耳鼻喉部 https://www1.cgmh.org.tw/intr/intr2/c3350/new/column_article.asp?pno=14&RR=R1&Language=

7. 〈聲音的三要素——響度、音調、音品〉,臺灣師大物理系物理教學實驗教室 http://www.phy.ntnu.edu.tw/demolab/html.php?html=modules/sound/section2

8. 游森棚（民 98 年 3 月）。從鋼琴調音談數學與音樂。數學傳播，第 33 卷第 1 期，p.14–21。

9. 蔡聰明（民 83 年 3 月）。音樂與數學：從弦內之音到弦外之音。數學傳播，第 18 卷第 1 期，p.78–96。

10. 華羅庚 (1957)。第十章　漸近法與連分數。數論導引（264～300 頁）。北京：北京科學出版社。

## 數學、詩與美

Ron Aharoni／著
蔡聰明／譯

數學與詩有什麼關係呢？似乎是毫無關係。數學處理的是抽象的事物；詩處理的是感情的事情。然而，兩者具有某種本質上的共通點，那就是：美。本書嘗試要解開這兩個領域之間的類似之謎，探討數學論述與詩如何以相同的方式感動我們，並證明它們能夠激起相同的美感。

## 數學拾穗

蔡聰明／著

本書收集蔡聰明教授近幾年來在《數學傳播》與《科學月刊》上所寫的文章，再加上一些沒有發表的，經過整理就成了本書。全書分成三部分：算術與代數、數學家的事蹟、歐氏幾何學。最長的是第 11 章〈從畢氏學派的夢想到歐氏幾何的誕生〉，嘗試要一窺幾何學如何在古希臘理性文明的土壤中醞釀到誕生。最不一樣的是第 9 章〈音樂與數學〉，也是從古希臘的畢氏音律談起，把音樂與數學結合在一起，所涉及的數學從簡單的算術到高深一點的微積分。其它的篇章都圍繞著中學的數學核心主題，特別著重在數學的精神與思考方法的呈現。

## 數學拾貝

蔡聰明／著

數學的求知活動有兩個階段：發現與證明。並且是先有發現，然後才有證明。在本書中，作者強調發現的思考過程，這是作者心目中的「建構式的數學」，會涉及數學史、科學哲學、文化思想等背景，而這些題材使數學更有趣！

## 千古圓錐曲線探源

林鳳美／著

為什麼會有圓錐曲線？數學家腦中的圓錐曲線是什麼？
只有拋物線才有準線嗎？雙曲線為什麼不是拋物線？
學習幾何的捷徑是什麼？圓錐曲線有什麼用途？
讓我們藉由此書一起來探討圓錐曲線其中的奧祕吧！

## 窺探天機 ——你所不知道的數學家

洪萬生／主編

我們所了解的數學家，往往跟他們的偉大成就連結在一起；
但可曾懷疑過，其實數學家也有著不為人知的一面？
不同於以往的傳記集，本書將帶領大家揭開數學家的神祕面
貌！敘事的內容除了我們耳熟能詳的數學家外，也收錄了我們
較為陌生卻也有著重大影響的數學家。

## 追本數源 ——你不知道的數學祕密

蘇惠玉／著

養兔子跟數學有什麼關係？
卡丹諾到底怎麼從塔爾塔利亞手中騙走三次方程式的公式解？
牛頓與萊布尼茲的戰爭是怎麼一回事？
本書將帶你直擊數學概念的源頭，發掘數學背後的人性，讓你
從數學發展的故事中學習數學，了解數學。

## 不可能的任務 ——公鑰密碼傳奇

沈淵源／著

近代密碼術可說是奠基於數學（特別是數論）、電腦科學及聰
明智慧上的一門學科，而其程度既深且厚。本書乃依據加密函
數的難易程度，對密碼系統作一簡單的分類；本此分類，再對
各個系統作一深入淺出的導引工作。

## 按圖索驥

——無字的證明
——無字的證明 *2*

蔡宗佑／著
蔡聰明／審訂

以「多元化、具啟發性、具參考性、有記憶點」這幾個要素做發揮，建立在傳統的論證架構上，採用圖說來呈現數學的結果，由圖形就可以看出並且證明一個公式或定理。讓數學學習中加入多元的聯想力、富有創造性的思考力。

針對中學教材及科普知識中的主題，分為兩冊共六章。第一輯內容有基礎幾何、基礎代數與不等式；第二輯有三角學、數列與級數、極限與微積分。

國家圖書館出版品預行編目資料

樂樂遇數：音樂中的數學奧祕／廖培凱著；蔡聰明總
策劃.——初版二刷.——臺北市：三民，2021
　　　面；　公分

　　ISBN 978-957-14-6768-9（平裝）
　　1. 數學

310　　　　　　　　　　　　　　108021271

鸚鵡螺 數學叢書

# 樂樂遇數——音樂中的數學奧祕

| 作　　　者 | 廖培凱 |
| 總 策 劃 | 蔡聰明 |
| 審　　訂 | 蔡聰明 |
| 責任編輯 | 黃于耘 |
| 美術編輯 | 陳祖馨 |

| 發 行 人 | 劉振強 |
| 出 版 者 | 三民書局股份有限公司 |
| 地　　址 | 臺北市復興北路 386 號 ( 復北門市 ) |
| | 臺北市重慶南路一段 61 號 ( 重南門市 ) |
| 電　　話 | (02)25006600 |
| 網　　址 | 三民網路書店 https://www.sanmin.com.tw |

| 出版日期 | 初版一刷 2020 年 1 月 |
| | 初版二刷 2021 年 11 月 |
| 書籍編號 | S300180 |
| I S B N | 978-957-14-6768-9 |

三民書局